从美味技巧到历史、产地的故事

你不懂红茶

（日）矶渊猛 著

张成琳 译

辽宁科学技术出版社

沈阳

红茶的产地

　　世界上有超过30个国家能够生产红茶，这其中，以印度、斯里兰卡等热带、亚热带国家为茶叶种植中心。

印度

阿萨姆

在印度，人们每天饮用的印度拉茶是由阿萨姆茶叶所制。

据说每人每天能够采摘30 ~ 40千克茶叶。

大吉岭

大吉岭红茶所特有的香气含在茶叶的新芽与嫩芽中。

喜马拉雅地区的风和多雾的气候孕育了大吉岭红茶。

尼尔吉里

茶园一般设置在海拔500 ~ 1800米的陡坡上。

斯里兰卡

乌瓦

受季风的影响，能够产出香气浓郁的茶叶。

努沃勒埃利耶

在海拔最高的地区种植红茶。

卢哈纳

与其他地区相比，气温更高，发酵更强。

康提

在斯里兰卡，是最初成功栽植红茶的地区。

汀布拉

种植的红茶性能均衡，宜于饮用。

茶叶与水色

　　红茶的水色、香气、味道三大特性，不仅会因茶叶种类的不同而有所差异，根据其生长环境、采摘时期的变化，即便是同一种茶叶也会呈现细微的差别。

印度

大吉岭红茶的首次闷泡
青翠的水色和花香是其主要特征

有着强烈的令人心情舒畅的刺激和清爽的涩味以及与麝香葡萄相似的甘甜和青苹果般的香味，水色呈现浅浅的淡橙色，茶叶也和绿茶一般，葆有绿色。

大吉岭红茶的二次闷泡
味道与香气最佳的味道

与首次闷泡相比，二次闷泡的香气更为强烈，水色也更浓，味道也愈加柔和。味道、香气、水色三者的平衡达到最佳。

大吉岭红茶的三次闷泡
涩味最为强烈，个性显著

浓烈的涩味是其明显的个性特征。香气渐弱，但水色更深，变为极浓的颜色。这种强烈的个性，使它在制作奶茶的茶叶中颇具人气。

尼尔吉里红茶
易于使用的标准规格茶叶

尼尔吉里茶叶闷泡后有着高透明度的水色，几乎没有涩味，香气也更为正统，在制作奶茶与混合茶等方面，有着广泛的应用。没有个性，正是它的个性所在。

阿萨姆红茶 OP 型
圆润的味道是金片的秘密

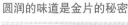

被称作"金片"的阿萨姆红茶富含大量芽芯，有着圆润的味道，让红茶生出一种黏稠的柔和感。香气有烟熏味，且水色呈现较深的红色。

阿萨姆 CTC 茶
在印度拉茶与袋泡茶中颇受欢迎，而使需求量增加

闷泡之后呈现出深红的水色，其味道却颇为清淡，涩味也较弱，比看起来更为柔和。短时间即可析出浓郁的颜色，对于制作袋泡茶来说最为合适。

斯里兰卡

努沃勒埃利耶红茶
特色是有深度的香气

努沃勒埃利耶红茶有着花与水果般甜美的芳香，这种能让人联想到草木的香味让人印象深刻，是其明显特征。其涩味也很浓郁，水色却呈现出薄而透明的金黄色。

斯里兰卡

乌瓦红茶
苦涩与甜美香气的交织

乌瓦红茶的特点是较为苦涩。细细品味后,与苦涩相对的是仿若玫瑰的异域风情的甜美香气,其水色是如同红宝石般的深红色。

康提红茶
水色难以改变,更适于制作冰红茶

康提红茶有着美丽的水色,呈现出橙色系的深红色。即使经过冷却,水色也不会变得浑浊,所以常用于制作冰红茶。其味道和香气都很淡,最适合用于制作变种茶。

汀布拉红茶
与浓重的水色相对,是宜于饮用的清爽味道

相比浓重的深红水色,汀布拉红茶口味清淡且不涩口。因其香气个性较弱,偏于正统而宜于饮用,是推荐给红茶初试者的不二之选。

卢哈纳红茶
其魅力在于浓醇且柔和的味道

浓醇的味道在口腔中扩散开来,涩味却被抑制住。烟熏的香味能够很好地与香料融合,水色也偏深,更适宜制成印度拉茶。

中华人民共和国

祁门红茶
享受红艳的水色和其独特香气

祁门红茶有着中等的涩度和柔和的味道。其香气独特，有着乌龙茶般甜美细腻的芳香。水色深红，但透明度极高，美艳动人。

正山小种
有着个性强烈的香气，是极具历史的中国红茶

带有强烈松烟香气的独特风味毫无疑问是此茶的特征。与芝士或是烟熏三文鱼共同食用，可以使茶的香气与食物的个性相融合。

其他

爪哇红茶
适合制成混合茶与冰红茶

因其特性不那么强烈，爪哇红茶在用于红茶、奶茶、混合茶等饮用方式上都很适合，其深红的水色，因发色漂亮，制成冰红茶也非常的美丽。

肯尼亚红茶
与浓重的水色相反，是微涩且甜美的茶叶

肯尼亚红茶的水色浓郁，是色泽深重的红茶，但其涩味和香气都较弱，宜于饮用。在制作奶茶时，可以缩短蒸馏时间来调节水色。

红茶的制作方法

红茶的制作方法有两种。

1
用制作方法改变茶叶的形态

茶叶的制作方法有两种，分别称作"传统制茶法"和"CTC制茶法"。根据制作方法的不同，茶叶的形状也会发生改变，因而提取出的红茶的特征也会发生变化。

传统制茶法

CTC制茶法

2
采用机器制茶，还是手工制茶

传统制茶法

正如其名，这是从以前就开始使用的传统方法。即便是进入了机械化时代，在各个工序中也仍需加入人工操作，以充分发挥茶叶的特色。

茶叶滚轮机

将茶叶扭断切割为细小的BOP等级或是将茶叶倒入CTC机中。

CTC机将三道工序合而为一

使用CTC机可自动运行完成茶叶碾碎（CRUSH）、撕裂（TEAR）、揉卷（CURL）这三道工序，适合大批量的茶叶生产。

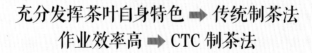

充分发挥茶叶自身特色 ➡ 传统制茶法
作业效率高 ➡ CTC 制茶法

传统制茶法 （参照 P.60）

CTC 制茶法 （参照 P.63）

采摘茶叶

萎凋

为了使其易于揉捻，将茶叶晾至半干。

揉捻

使用揉捻机施加压力揉捻茶叶。

扭断切碎

使用茶叶滚轮机将茶叶切成细小的形状。

筛选

将结块的茶叶分解，过筛。

发酵

将茶叶铺在设置好温度的室内进行发酵。

干燥

为了停止茶叶的发酵，将茶叶进行干燥处理。

区分

去除茶叶的茎秆部分。

完成

采摘茶叶

萎凋

放入CTC机器

通过机器一次性完成三道工序。　碾碎后揉卷成颗粒状。

发酵

在一定的温度湿度下进行茶叶发酵。

干燥

将茶叶放入烘干机中，烘干茶叶。

完成

鉴定与品味

根据茶叶的种类与采摘的时期不同，其味道、香气、水色也都有很大不同。让我们来尝试品味其中的差异，当你知晓了它的特征，那选择茶叶就会变得有趣了。

鉴定方法

称量出 3 克茶叶，倒入专用的品茶杯中。

向杯子里倒入热开水闷泡。3 克茶叶大致对应 150 毫升热开水。

盖上杯盖闷茶。准备一个沙漏，准确计时 3 分钟。

3 分钟后将萃取好的茶汤倒入配套的茶碗中。

为了将萃取的茶汤完全倒出，将杯子横放在茶碗之上。

为了更好地赏鉴茶汤颜色，将茶汤通过茶滤网倒入杯中。

将萃取后的茶叶渣放在杯盖上留用闻香。

品茶即品鉴茶的味道与香气

香气

将盛着茶叶渣的杯盖靠近鼻子，细嗅香气，从茶叶渣的颜色来判断茶叶发酵的程度。

味道

用勺子盛少许茶汤，使其与空气充分接触。反复转动舌头来感受味道。

现场品鉴

茶园的工厂里设有品茶室，可以立刻品尝刚做好的红茶。工厂负责人会对味道、香气、水色进行核查，从而下达微调指示。这会决定红茶最终的特色，可以说是工厂负责人最重要的工作了。

茶叶的等级 （参照 P.69）

　　红茶的包装上标记的OP、BOP等"级别"，是在享受红茶美味基础上不可或缺的知识要点。

OP

茶叶为 1 ~ 2 厘米，涩味虽重但味道柔和。印度的大吉岭红茶与中国的祁门红茶多为此等级。

BOP

比 OP 茶切得更细碎的一种。由于芯芽含量较多，味道也更为温润。加工的多为斯里兰卡所产茶叶。

F

用筛子将 BOP 茶叶筛分出的约 1 毫米左右的细碎茶叶。因其细碎，所以短时间的闷泡即可得到一杯水色、味道皆浓的茶。

CTC

此非正统的茶叶等级。指用 CTC 制法制成的茶叶，阿萨姆红茶、肯尼亚红茶几乎都是进行这样的加工。

红茶的混合

　　各类红茶、草药与香料、中国茶与日本茶……红茶可以根据个人喜好混合搭配出一杯混合茶。

红茶+红茶

大吉岭红茶 + 努沃勒埃利耶红茶 + 康提红茶：混合同种茶叶，不仅保留了茶叶各自的特性，也可将各自不足之处作为补充。

红茶+香料

乌瓦红茶 + 生姜 + 肉桂 + 丁香：与单用某种香料相比，混合数种香料使其相合的方法更易掌握。

红茶+草药

努沃勒埃利耶红茶 + 柠檬草 + 玫瑰花瓣 + 鼠尾草：为优雅的香气增添几分药效。作为风味较弱的茶叶的补充，也能起到很好的效果。

红茶+其他茶

大吉岭红茶 + 努沃勒埃利耶红茶 + 粗茶 + 白茶：因发酵方式的不同，多种茶的混合搭配能够产生新的风味。

红茶的闷泡方法

红茶的味道，不仅仅在于茶叶的区别，闷泡方式的不同也会让味道有很大改变。也就是说，如果能够掌握闷泡方法，那么任谁都可以喝到美味的红茶。

红茶

1
先用开水温热茶壶，使红茶更容易析出。

2
用茶匙按照每人数 +1 杯的标准倒入茶壶。

3
大火将刚打的新鲜水煮沸，在沸腾前水温达到 95 ~ 98℃时关火。

4
将热水迅速倒入茶壶中，确认茶叶浮起后盖上盖子。

5
罩上茶壶套闷泡红茶，BOP 茶约泡3 分钟，OP 茶泡 5 ~ 6 分钟。

6
用滤茶器滤掉茶叶，将茶汤倒入茶杯。

红茶旋转 (参照 P. 101)

要点1

热水的温度

最适宜观赏红茶旋转的温度为 95～98℃。当热水表面出现波动，浮起 2～3 厘米的气泡时就差不多了，因此不要离人，注意掌握火候及时关火。

要点2

注入方法

要点是将烧开的水距茶壶约 30 厘米处浇扣下来。离茶叶稍许距离，用迅猛的水流冲开茶叶，使全部的茶叶都漂浮起来。

奶茶

1
闷泡一壶红茶，多放一些
茶叶，闷泡的时间也稍长
一些。

2
向茶杯倒入热水预热，放
置 1 ~ 2 分钟。

3
将预热的热水倒掉，倒入
20 ~ 30 毫升常温的低温
杀菌牛奶。

4
使用滤茶器将红茶倒入牛
奶中至九成满。

印度拉茶

1
将水倒入手提锅中，水量以制作印度拉茶量的 40% 为宜。

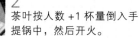

2
茶叶按人数 +1 杯量倒入手提锅中，然后开火。

3
等茶叶完全舒展开后，倒入牛奶。牛奶的量为整体的 60%。

4
手提锅内壁出现绵密的泡沫后，关火。

5
将烧开的奶茶通过滤茶器，滤掉茶叶，先倒入茶壶中。

6
从离杯子较高位置向下倒入奶茶，冲起的泡沫使奶茶有种甘甜的感觉。

冰红茶

1
闷泡前的步骤与制作红茶相同，但闷泡时间为 10 ~ 15 分钟。

2
将茶汤缓缓通过滤茶器过滤，从茶壶换到瓶口更大的容器里。

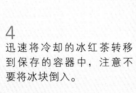

3
在另一个容器中准备八分满的冰块，迅速从上方倒入，使茶迅速冷却。

4
迅速将冷却的冰红茶转移到保存的容器中，注意不要将冰块倒入。

5
在饮用冰红茶的杯子里装入适量冰块，倒入冰红茶。

让红茶更美味

在掌握了红茶的基本闷泡方法之后，这次想让大家记住的是使红茶更好喝的秘诀。稍加用心，做出的红茶就会变得更加美味。

1
闷泡袋泡茶时要先倒热水
冲袋泡茶的时候，无论是使用茶壶还是使用茶杯，都要先倒热水，然后再将茶包放进去，这是关键。因为如果从茶包上面倒入热水的话，茶叶就会在热水的冲刷下析出红茶的细小纤维物，从而影响茶的口感。

2
挤柠檬的时候皮在下
制作柠檬红茶时将柠檬皮直接放入红茶会出现较浓的苦涩味。因此将柠檬切成半月形，顺着柠檬皮的弯曲度将柠檬汁挤入红茶中，就能在品尝到柠檬香气和酸味的同时免除苦涩的味道。

3
要达到红茶旋转就要加量
红茶旋转决定了红茶好喝与否，要想做好它，最重要的是要让热水中有充足的空气。只做1人份的时候，加入的热水量太少，就会导致空气不足，茶叶旋转不起来。将1.5～2升的水烧开吧。

红茶的道具

　　红茶专用的道具并不只外表看起来这么简单，也蕴含了许多功能性，让我们一起来寻找容易使用且能激发红茶特性的独属于自己的茶具吧。

茶壶套
盖在茶壶上，起到给红茶保温的作用，是冬季的特别法宝。

茶壶
推荐圆形茶壶。圆形的茶壶更容易引发红茶旋转。

茶杯
以大口径的茶杯为佳，选择白色的内壁更容易观察茶汤的颜色。

滤茶器
为了不让红茶的茶叶被一同倒入杯中，在向杯中倒茶时所使用的器具。

配齐整套让人愉快的红茶套装

闷泡红茶的茶具是享受红茶乐趣中必不可少的一个要素。

基本茶具为 5 件一组
茶具并非单件购买，茶壶、茶杯、茶碟、奶壶、糖罐是一套基本茶具，部分套装也含有甜点盘与餐盘。考虑茶具的材质与形状、设计等元素后，挑选一套自己心仪的茶具吧。

有的话会更方便的红茶道具

茶匙
用来称量红茶茶叶的道具，1 满匙茶叶约为 3 克。

红茶罐
用于保存红茶的容器，推荐使用密封度较高的罐子或陶瓷器皿。

沙漏
能够计量红茶的闷泡时间，是泡出香气与水色俱佳的红茶必不可少的用具。

铜制水壶
因会影响到红茶的水色，所以要避免使用铁质水壶。

花式热茶

❖━━━━━━━━━━━━━━━❖

能够彰显出香料与草药、时令水果等香气与甜味的热茶，可以让身心都感受到温暖舒畅。

热茶 1
苹果茶
采用新鲜的生苹果制成，是一款适合秋日饮用的红茶。

➡ 做法在 P.129

热茶 2
草莓茶
在热茶中放入草莓，可以使香气和甜味变得更醇厚。

➡ 做法在 P. 130

热茶3
混合香料的马萨拉茶
味觉与香气的刺激双倍提升。

➡ 做法在 P.134

热茶 4
薄荷橙红茶
有着清爽的后味，让喉咙舒畅。

➡ 做法在 P.145

热茶 5
鲁西安茶
在俄罗斯很受欢迎，果酱与红茶非常相配。

➡ 做法在 P.147

花式冰红茶

冰红茶最适合被制成花式茶饮。
让我们一起来挑战各式各样的混搭，
制作一杯新鲜的冰茶吧。

冰红茶 1
香蕉冰红茶
温和的甜味与红茶的涩味十
分登对。

➡ 做法在 P.151

冰红茶 2

柑橘类冰红茶

红茶与柑橘类水果的组合，酸酸甜甜，清爽的口感魅力十足。

➡ 做法在 P.151

冰红茶 3

分层茶

外观看起来就很清爽，满满的清凉感。

➡ 做法在 P.152

冰红茶 4

起泡茶

柠檬的酸味与碳酸的爽快感，让红茶畅快地通过喉咙，滋味绝佳。

➡ 做法在 P.153

冰红茶能够轻松地千变万化

市面上的冰红茶是常备品，因为它能轻松地变成各种花式茶饮。除了水果和牛奶，冰红茶与酒精也是很好的搭档。

花式甜品茶

大量使用水果的甜品茶最适宜在
聚会上或请客时饮用。味道自不必说，
样子也十分出众。

甜品茶 1
草莓冰红茶
草莓的香甜最适合搭配
冰红茶。

➡ 做法在 P.150

甜品茶 2

草莓甜品茶

在品尝草莓的同时享受红茶的
美妙滋味。与草莓冰红茶相比，
使用了更多的草莓。

➡ 做法在 P.154

甜品茶 3

西瓜蜜瓜甜品茶

清爽的甘甜，最适宜夏日饮用。

➡ 做法在 P.155

甜品茶 4

香蕉牛奶巧克力冰红茶

巧克力、香蕉与奶茶
是无须多言的好搭
档。

➡ 做法在 P.155

甜品茶 5

聚会版宾治茶

红茶的透明感与水果
的新鲜感，光是看着
就令人赏心悦目。

➡ 做法在 P.153

红茶的历史

红茶在中国诞生,在英国发展。红茶得以在世界范围内被广泛饮用获得发展,可以说是源于英国人对其的热爱。

东方茶与茶具

红茶由中国传入荷兰后,在富裕阶层和贵族社会广泛流行起来。
17 世纪后半叶的茶碗还没有把手,所以人们端着茶碗的姿态也不太自然。

饮茶礼仪的开端

18 世纪初,以英国女性为中心的下午茶的情形。
起初是没有佐茶小食的,人们将许多砂糖倒入茶中,享受红茶。

享受午后红茶的贵族们

贵族们通过饮用手中昂贵的红茶，来彰显自己的财富与权力。

东印度公司的茶业收购

进入 18 世纪以来，英国的茶叶收购急剧增加。英国进口的茶叶有红茶与绿茶，但 18 世纪中期之后，红茶的进口量则持续走高。

早餐饮品

19 世纪中期，随着印度阿萨姆红茶的流通，早餐饮用的红茶成了普通百姓的日常饮品。

用碟子饮用红茶

左侧桌子的老妇人用茶碟饮用着红茶，效仿杯子没有把手的时代贵妇的饮茶模样。

锡兰红茶的开拓者

19世纪后半叶，许多地方由咖啡种植园转为红茶的栽培地，将丛林砍伐后开拓成为红茶园。

英国绅士的嗜好

价格高昂的红茶是男人经济条件的象征，饮用红茶成为当时绅士的一种嗜好。

前言

红茶在中国福建省诞生后的400年间，红茶普及到了120多个国家和地区，以同一种茶叶为原料制作的绿茶和青茶等众多品种中，红茶成了仅次于水的受人喜爱的饮料。说到红茶，令人印象最深刻的国家是英国，以下午茶为代表，红茶与早、中、晚三餐一样，成为英国人饮食生活中不可缺少的饮料。此外，红茶的饮用和闷泡方法也有了日新月异的改变。论王道自然是红茶和奶茶，但随着冰红茶的普及，添加各种花式茶、鸡尾酒、药草、香料来制作的调和茶也出现了。

从健康层面来说，茶叶被称作"东方的秘药"，而茶叶的成分经科学研究，也被不断发现了更多新的效用价值。茶叶究竟会进化到何种境界——从其发源至今，茶叶已经历了400年的漫长岁月，却依旧不断地向我们展示出其未知的魅力。

为了让初学者也能了解掌握红茶，本书将从红茶的历史文化、产地制茶，到对健康的功效以及能够泡出美味红茶的设备、变种、混合的制作方法，进行通俗简明的解说，以最大限度地展现出红茶的魅力。

品味香气，了解红茶文化在世界范围受到喜爱的程度，饮茶能让人变得平和，沉醉在红茶的香气中，这一切的一切，都是红茶的魅力。

"红茶可以让饮用的人开心。超棒！"

本书如果能对此稍有贡献，将不胜荣幸。

矶渊猛

目录 CONTENTS

你不懂红茶

第二章

红茶的商品学 ················ 67

目录CONTENTS

第三章

激发红茶的美味 ·········· 91

第四章

花式红茶 ································· 121

目录CONTENTS

目录 CONTENTS

第七章

红茶的历史与文化解析

目录CONTENTS

第一章

红茶的产地、茶园及其特征

印度的红茶产地

🫖 印度是世界上最大的红茶出产国

印度是著名的红茶产地，印度红茶的质量优良而稳定，其中印度两大红茶产地所生产的红茶更是享有世界声誉的优质茶。闻名世界的红茶中，阿萨姆红茶和大吉岭红茶都产于印度。严格的海拔高度使得大吉岭红茶等级与价格随着海拔的增高而攀升，大吉岭红茶适合清饮。阿萨姆红茶因稳定的品质和极佳的口感，适合与牛奶一起调制。印度红茶主要销往英国、爱尔兰、俄罗斯等欧美国家。

1840年阿萨姆公司设立以来，开发出以阿萨姆邦、西孟加拉邦的大吉岭、南印度的尼尔吉里等地为代表的茶园，现如今年产量已超过了100万吨。其生产量居世界首位，因其国内需要较高，出口量仅为18万吨左右，居世界第三位。

对外出口的茶叶中，著名的是世界三大红茶之一的大吉岭红茶。而阿萨姆红茶作为CTC茶用于制作袋泡茶而被普及。

大吉岭

　　大吉岭位于印度西孟加拉邦的最北部，处于尼泊尔和不丹两国之间的交易县区。城市中心在海拔高度2300米的山区，茶园广泛分布在海拔300～2200米的险峻陡坡上。山地地区既有海拔高度，昼间也有较大温差，会多次起雾，随后喜马拉雅的冷风会再度把雾气吹散。

　　喜马拉雅山脉从印度东部一直绵延到尼泊尔，其中海拔8586米的干城章嘉峰非常美丽，拜其所赐，这里一天之内会有四季的变化。冷暖温差和变幻莫测的天气，对大吉岭红茶来说却是最适合的环境，大风吹散雾气，强烈的日照晒干湿润的茶叶。这种独特的环境造就了大吉岭红茶富有麝香葡萄般的甜美香气以及刺激性的令人爽快的涩味，被称作"红茶香槟"。根据季节的不同，春天、初夏、夏天、秋天都会使味道、香气、水色发生改变，这种季节性特征也受到了人们的喜爱。大吉岭红茶是印度唯一成功栽种而成的中国种茶叶，同时也有世界三大红茶之一的美名。

大吉岭茶叶采摘。早春多雾，气压低。

根据季节的不同，大吉岭茶叶的不同

初摘／春摘茶 （First Flush）	被指定为大吉岭红茶的茶园有 80 余所，海拔高度相差很大，初摘期也各有不同。初摘大体上从 3 月上旬开始到 4 月结束，当年最早摘下的茶叶被制作成茶，宣告着喜马拉雅春天的到来。最先冒出的嫩芽有着新叶的含义，被称为"第一闪光"。 因其收获较少而定价高昂，其中富含大量被称为"银片"的银色芽叶。全体呈现出绿茶的色泽，香气与水果中的麝香葡萄、青苹果相似，有着香槟似的香味。味道清爽，有着令人愉快的刺激性涩味，水色呈现淡橙色，推荐作为红茶饮用。
次摘茶／夏摘茶 （Second Flush）	摘茶的时期从 5 月到 6 月下旬，初夏的红茶是由新芽、新叶长成的最好的季节茶。味道、香气、水色俱佳，有着强烈的成熟麝香葡萄香气，清晰强烈的涩味，水色是带一点红色的深橙色。第一杯做红茶，第二杯做奶茶最为适合。
雨茶 （Monsoon Flush）	大吉岭的夏天，8—9 月期间采摘的红茶，过去被称作三等茶。受到雨水和高温的影响，茶叶成长硕大，与其他时期相比，香气和味道缺乏特征。香味如同落叶一样，有着红茶的香味，涩味浓重，有强烈的苦涩味道，水色深红而近于黑。适合制作奶茶饮用。
秋摘茶 （Autumnal）	秋摘的大吉岭红茶，10—11 月进行当年的最后采摘。进入 10 月以后，从喜马拉雅吹来秋风，日中温差变大。会起雾，也会下小雨，对茶叶加以刺激，从而更具个性。香味有着成熟水果般的甘甜，仿佛柑橘系干水果般的香味。有着味道浓烈刺激的强烈涩味，水色是较深的橙系红色，最适合做奶茶。

阿萨姆

阿萨姆是印度东北部邦国，背靠喜马拉雅山脉，是境内有着布拉马普特拉河的广阔平原。因其茶园广阔而平坦，茶叶的绿色可以一直延伸至地平线。

茶叶的采摘从4月上旬开始，至10月末结束。11月至次年3月期间低温而干燥，是休眠期。

茶树为阿萨姆种，为大叶种，与中国种相比要大2～3倍。印度红茶全年产量120万吨，其中阿萨姆红茶占80%左右。

过去多是叶茶，多被制成能感到浓烈甜味的独特红茶。而近十年来，CTC茶成为主流，生产量约占90%。CTC茶是做成颗粒状的茶，析出迅速的特点使它适于制作印度拉茶，阿萨姆红茶占印度国内消费榜首。CTC茶的香气、味道都是正统的，没有强烈的个性，有着红茶特有的涩味和香气。水色是深红色，适用于使用牛奶的拉茶。

茶叶的计量。硕大的叶子。

尼尔吉里

与大吉岭、阿萨姆并称印度红茶三大产地的尼尔吉里，是地处南印度、泰米尔纳德邦境内的红茶产地。在阿萨姆公司成立前，1835年仅有武夷山的中国种苗木移栽成功的数十棵茶种。可是，随着历史推移，由武夷山移栽而来的中国茶种现在仅存在于西侧区域，其他80%的茶园则为阿萨姆种，生产香味与锡兰红茶相似的容易入口饮用的红茶。

茶园多数广泛分布于德干高原西部平缓的丘陵地带，因具备早晚和日中温差，适于栽培红茶。没有收获休眠期，几乎可以达到全年采摘。红茶的一小部分被制成叶茶的橙黄白毫（OP），剩下的90%都被制成了CTC茶。

尼尔吉里的茶田处于坡度平缓的丘陵地带。

尼尔吉里又名"青山"，这是因为海拔1500～1800米的尼尔吉里高地能看见明亮的蓝色（天空）。用尼尔吉里茶叶制成的红茶，水色是明亮的红色，味道是口感清淡的涩味，有着特有的芳香。

随着生产季节的不同，红茶的特征也有所变化。特别是12月到次年1月期间，受到气温和风的影响，品质特别优良，被称作"冬霜红茶"。

斯里兰卡的红茶产地

🫖 根据产地的不同，个性也各有不同的锡兰红茶

红茶以锡兰红茶为标志名，锡兰即为斯里兰卡旧称。苏格兰人詹姆斯·泰勒在这里栽种了阿萨姆红茶，1872年，最初的锡兰红茶被送往了伦敦。因为这次茶树的成功栽培，茶园地带一直扩大到锡兰南部山脉的西斜面。

根据这个山地的海拔高度不同，受孟加拉湾西风和印度洋东风的影响，斯里兰卡的红茶有着微妙的个性差别，这个特征根据产地的区别彰显出独特的魅力。

至数十年前为止，有五大红茶产地，现在则新增两个，变为七大红茶产地。按照海拔高度的顺序分别为——努沃勒埃利耶、乌达普沙拉瓦、乌瓦、汀布拉、康提、卢哈纳、萨伯勒格穆沃。

近年来，新追加的萨伯勒格穆沃被认为与卢哈纳是一样的，只是栽培地区有所区别。卢哈纳在南部的马特勒、加勒地区，而萨伯勒格穆沃则在河人那、拉特纳普拉地区的栽培地。

努沃勒埃利耶

苏格兰开拓者们以自己国家的风格为蓝本，在海拔1800米的努沃勒埃利耶建造了城镇。这里位于斯里兰卡的中南部，在栽种红茶以前，是尚未形成村落的未开发的荒地。开拓者们建造了高尔夫球场、赛马场、银行、邮局、酒店等英式建筑，被称作小英格兰。

在斯里兰卡，海拔高度最高的产地早晚的气温为5～14℃，中午则为18～25℃。在热带国家中，斯里兰卡天气凉爽，适宜居住。这个温差能给茶叶带来特有的香味，这就是努沃勒埃利耶茶的特征。

红茶的特征以制成形状为2～3毫克的细沙状的BOP型为主流，析出迅速，能制作出清爽的涩味和口感。1—2月，从孟加拉湾吹来的西风，将茶叶干燥冷却，使其成为品质卓越的高品质季节红茶。

高品质季节红茶有着青草般的香气以及青苹果与薄荷混合的清爽香味。水色为淡淡的橙色，轻快刺激的涩味是它的特征。

海拔高度1800米，是斯里兰卡茶园中处于最高地的栽培地。

乌达普沙拉瓦

在努沃勒埃利耶的山地中，最高峰被称作佩德罗峰，山峰顶附近的东侧是努沃勒埃利耶，西侧乌瓦地区中间地带的广阔茶园被称作乌达普沙拉瓦。海拔高度与努沃勒埃利耶持平，是斯里兰卡的最高地。

茶园数量不多，容易受到西南、东北季风的影响，1—2月、7—8月这两个时段能制作出高品质季节红茶。其等级以BOP型为主，根据季节也会制作形状大小为1～2厘米的OP型。

味道清爽，微微苦涩，香味是像草莓那样甜甜的水果感，水色是橙红色。

乌瓦

乌瓦红茶与大吉岭红茶和祁门红茶并称为世界三大红茶，驰名世界，其产地位于斯里兰卡东南部海拔1400～1700米的位置。

面向孟加拉湾的山地陡坡上有广阔的茶园，7—8月，印度洋吹来的季风抵达，季风寒冷干燥，将每日里数次涌起的云雾吹散，使天空放晴，让茶叶得以瞬间干燥。风和雾与强烈的日照，造就了乌瓦红茶特有的水果香气和刺激性的涩味。

高品质季节以外的茶叶，其香味也有着与蔷薇相似的花香，味道则有着浓郁优雅的涩味，水色呈深红色，用来制作的奶茶拥有很高的评价。

汀布拉

斯里兰卡红茶从19世纪后半叶开始，先从低地开始，渐渐向高地发展开拓茶园。汀布拉在中央山地的西南部，海拔高度800～1300米之间，处于中间地带，所产茶叶被称作中等茶。可是，因为存在海拔高度差异，也有地处高地的茶园，因此也有被标记为高等级的茶园。1—2月，受西南风影响，能够制作出优质的红茶，全年则会产出品质稳定的红茶。

在味道和香气上，汀布拉红茶没有突出的个性特征，但其在味道、香气、水色的总体平衡上，被认为香味饱满，最具红茶风味，任谁都会喜欢的品质为其赢得了极高的评价。

康提

以斯里兰卡的古都康提为中心，其周边的山地栽培有茶树。多数栽培地位于海拔500～800米的低地，而一部分茶园则处于海拔700～800米之间的中间地。这一地区几乎不受季节的影响，全年气候变化很小。因此，出产的茶叶品质稳定，产量也较多，以混合茶为中心，其应用幅度很广。

一般的低地栽培，其儿茶素含量较少，只有15%～18%。因此，康提红茶多以柔软、轻松、温和的表现来展示其个性。话虽如此，随其氧化发酵的程度和制成茶叶的等级，可以控制产生涩味的儿茶素含量，因此儿茶素的最终含量是由制茶情况来决定的。

卢哈纳

卢哈纳红茶以外的其他品种是由斯里兰卡的普罗旺斯（地名）或是其他地名命名的，而卢哈纳则无法在现今的地图上找到。

过去这个岛屿曾在公元前分裂为3个国家，而"卢哈纳"这个名字就是当时一个国家的名字。将岛屿三等分，北部为普希提，西南部为玛利亚，而东南部就被称为卢哈纳王国。

现在，卢哈纳茶园位于西南部的萨伯勒格穆沃普罗旺斯、南普罗旺斯的位置，作为栽培地的是马特勒、加勒地区。其茶叶栽培地处于低地，海拔高度0~600米。英国因其低地的原因，在茶树间栽种了香蕉树和椰子树，有着高地茶园难得一见的风景。

卢哈纳红茶有着与其他红茶都不同的香味特征，其香味与砂糖刚刚开始焦化的味道相近，有股甜味，近似蜂蜜，口感浓厚，涩味醇柔，水色则是偏近紫色的深红。这种独特的个性深受沙特阿拉伯富豪的喜爱，优质茶可以售出高昂的价格。

日本对其需求量较少，但随着近年来烤制点心、面包类的畅销，因其风味相合而受到追捧。

萨伯勒格穆沃

这是与卢哈纳相似的一款红茶，最近才作为普罗旺斯茶而扬名。作为特定地域，在海拔高、气温低、昼夜温差大的地区种植。其茶园特征与其他大的茶园经营不同，多是由小规模个人茶园进行茶叶采摘，再将茶叶卖向工厂制作的模式。

其红茶的特征与卢哈纳红茶的特征基本相似，评价也几乎相同。

其他红茶产地

祁门

　　1875年，红茶在中国安徽省境内的祁门被制作出来，自此，祁门红茶诞生。1915年，祁门红茶在巴拿马举办的万国博览会上获金质奖章，成为世界三大红茶之一。

　　祁门红茶的独特之处，是让英国人为之着迷的东方香气。它以会让人联想到兰花、苹果、蜜糖等花果的甘甜味道而闻名于世。味道醇厚甘甜，有着优雅的涩味，水色是深红色。不论是做成红茶还是奶茶饮用，都很适宜。

街道旁邻近处也设有茶园。

爪哇

以印度尼西亚的爪哇岛为红茶的代表产地。茶叶产地主要分布于西爪哇岛高原地带，海拔高度超过1500米。茶园与大吉岭、乌瓦设在险峻山间的情形不同，多设在较为平坦的土地上。气候风土与斯里兰卡相近，茶的个性特点也几乎相同。全年都可进行茶叶收获，主要的采摘季节为5—11月期间。制茶的级别则BOP茶和CTC茶各占一半，但常年来说CTC茶的产量更大。

其红茶特征是涩味、香气稳定，没有很强的个性，后味清爽，容易饮用，被各大品牌广泛应用在大批量生产中。

肯尼亚

肯尼亚的红茶历史很短，仅从1903年开始。在殖民地统治期间由英国从印度引进了阿萨姆种，在内罗毕以西、卡贾多、马加迪等地栽植。

1924年开始，茶园转变为由企业经营，但由英国独立制茶，因为肯尼亚人是不允许进行茶叶栽培、茶园经营的。所以肯尼亚红茶真正开始生产，是从1963年肯尼亚独立之后。自此，红茶的产量有了飞跃式的提升，几乎全部被制成了CTC茶，其出口量近年来超过了斯里兰卡，成为世界第一。

CTC茶是混有茶叶茎秆的颗粒状红茶，涩味较少，香味正统，个性较弱。水色是浓烈的红色，适合用于制作袋泡茶。袋泡茶的需求量在世界范围内不断扩大，正在迅速增长。

香草茶

正山小种

从名字开始就能感受到其独特的个性，产自中国福建省武夷山的正山小种红茶，是用松树的烟进行熏制着香的红茶。极具个性的独特而强烈的香气是由生叶揉捻发酵后，点燃松柏（松树的一种）木进行干燥时的熏烟所致。这种熏制的香味与中成药正露丸的味道相似，偶尔会被人误会。

英国人并不知道正露丸是什么，只是把这种香气当作东方的神秘香气而极为喜爱，有种古董般的感觉。另外，因为英国的水质较硬，闷泡出的红茶比起在日本闻到的香味要更淡一些，几乎就是烟熏的味道，是口味浓重的香气。

正山小种红茶的工厂。

味道里涩味较少，当然是有甜味的浓郁味道，如果喜欢这种香气，是很容易饮用的。对于喜欢东方口味的英国人来说，推荐作为红茶饮用，但最近也有人更倾向于加入牛奶后享受奶茶的风味。

因为其特殊的个性，能搭配的茶点十分有限，通常是配以烟熏三文鱼、三明治或是古典风味的切达乳酪。

伯爵格雷

其名字来源于1830—1834年时任英国首相的格雷伯爵二世。格雷伯爵非常中意由中国使节团带来的红茶，跟茶商川宁订购了这个香味的红茶。这种红茶是武夷山制作的正山小种红茶，微微的香味是松柏烟熏而成的烟味。可是，在运送过程中，香气逐渐微薄，受到硬水的影响，香味变得柔和，难以形容，有些近似干水果的香味。这种香味闻起来，是龙眼的味道。

不知龙眼为何物的川宁，从1820年开始，用已知的香柠檬（柑橘系）提炼油对入手的中国茶进行着香处理。这样得到的世界最初的香草茶，就被以格雷伯爵的名字命名，成为伯爵格雷红茶。

以历史记载的茶谱来说，正统的做法是采用正山小种的茶叶进行着香，但现如今流通的是在正山小种中加入柑橘系的柠檬香油，以达到其强烈的烟熏香味，这有些困难。另外，由于川宁公司在制作伯爵格雷红茶时，没有取得专利，因此，使用何种茶叶再用香柠檬油进行着香，都可以作为伯爵格雷红茶用于销售。

伯爵格雷红茶用香柠檬的香味进行着香。

红茶的制作方法

红茶的制作是从茶叶采摘开始的

红茶制作工序，现如今已经引入了各式各样的机械设备，唯有茶叶采摘，直至今天依旧依赖人工。

红茶的茶叶，采摘的是刚刚萌发出来的新芽和下面的2~3片叶子附着的茶茎，这其中，一枝茶茎上附着两片叶子，被称为"一芯二叶"，附着三片叶子，则被称为"一芯三叶"。

从上面开始数的第三片叶子被叫作母叶。在叶子靠近茎的根部，有刚刚抽芽只有5~6毫米的新芽，取其培育新芽的含义，以"母亲的叶子"为其取名。一芯三叶会将母叶也一同摘取下来，而下面长大的叶子则被留下来，像一个鱼的形状，被称作鱼尾叶。

在邻近鱼尾叶旁培育出的叶芽附近进行采摘，就能确保枝茎吸取上来的营养成分都用来供给叶芽的生长。而为了使其充分成长，在斯里兰卡，一次茶叶采摘之后，将会等待20天左右，再进行新一轮的采摘。

茶叶采摘的位置不好，留下数厘米采摘后的残损叶茎，营养成分会从茎的横切面流失，这样营养成分就不能充分上达到叶芽，叶芽不能很好地成长。那么到采摘状态的生长期就会以倍数增加，需要30~40天的时间。而长此以往，茶叶就会虚弱，品质变差，无法用于制作优质的红茶。

采茶人需要将茶叶在最佳状态下进行采摘，同时，为了确保成功培育出下一次的新芽，要对状况不佳和干枯的茶叶进行修剪，为下次生长做准备。如果采摘技术不佳，则会对下次的茶叶生长带来很大的影响，这责任是非常重大的。即使是同一茶叶，由于采茶人的熟练程度——新手和成手之间的差别，也会令茶叶的品质产生巨大不同。

茶叶的采摘方法

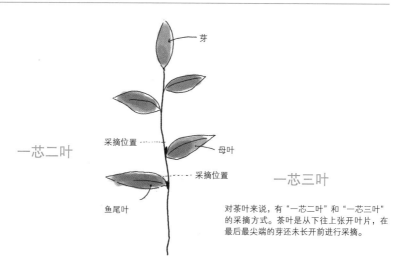

芽

一芯二叶

采摘位置

母叶

采摘位置

一芯三叶

鱼尾叶

对茶叶来说，有"一芯二叶"和"一芯三叶"的采摘方式。茶叶是从下往上张开叶片，在最后最尖端的芽还未长开前进行采摘。

正确的采摘方式·错误的采摘方式

正确的采摘方式

在最接近芽的位置进行采摘，能使其很好地成长。

一芯二叶

优质红茶是采摘到第二片叶子。

错误的采摘方式

采摘时，上面留下的茎过长，会影响后面的成长。

一芯三叶

量产的茶叶则是采摘到第三片叶子。

从生茶到红茶，需要经过怎样的工序

采摘下来的生茶，是芽和嫩叶在一起的一芯二叶或一芯三叶的状态，是新鲜的绿色。它们要经过怎样的工序，才会变成黑褐色的红茶呢？

红茶的制作方法大致可以分为两类。

其一，被称作正统制法，从古传到今。将茶叶采摘后，经过氧化发酵，再使其干燥，这就是正统制法。现在虽然已经达到了机械化生产，但每个工序依旧需要人工来制作出充分展现茶叶个性的红茶。

从外观来看，是依旧能看出原本叶片形状的约1厘米以上的细长状，将其切至2~3毫米的细小颗粒，虽形状各异，但用热水泡开后的茶叶渣却都还保留了茶叶的形状。

其二，是被称为CTC制茶的加工茶方法。CTC即为CRUSH（碾碎）、TEAR（撕裂）、CURL（揉卷）的缩略语。1930年左右，W.麦克·凯蒂考察研制出制

茶机，将茶叶从上下两个圆筒状的汽缸滚筒间放入，汽缸上刻有沟状锯齿，将茶叶撕裂，由上下两个滚筒的转动将其碾碎，揉卷成颗粒状的茶叶。采用这一制法可以将茎叶一次成型，成品率很高，其最大的优点是能够进行大批量生产。

将茶叶细细扭断的茶叶滚切机。

正统制法的工序

1. 萎凋

让采摘下的生叶失去水分，完成萎凋。让生叶中 40% ~ 50% 的水分蒸发掉，使其达到叶质柔软的状态。蒸发水分可以采用自然干燥的方式，但更多的是将其放入长 30 米、宽 4 米的箱子中，将生叶堆积约 30 厘米高的网状，从下方不断吹送冷风和热风，使其慢慢萎凋。根据季节和天气的不同，需要 12 ~ 15 个小时。

2. 揉捻机

把已经萎凋的茶叶放入揉捻机，上面的压力将其不断揉压。揉捻机的底部被做得凹凸不平，在边缘部位，茶叶被揉捻扭断，纤维质遭到破坏，叶汁流出。由这个叶汁开始进行氧化发酵。

3. 茶叶滚切机（扭断切碎）

在正统制茶法中，有长度 1 厘米以上的 OP 型和被制成 2 ~ 3 毫米形状的 BOP 型。要将其制成种细小形状，就要使用茶叶滚切机。茶叶滚切机像是制作碎肉一样，在圆筒上有回转的螺旋状切刀，茶叶从中通过，就会被切成细小的形状，制成 BOP 型的茶叶。

4. 筛选

经过揉捻机、茶叶滚切机的茶叶，变成直径 3 ~ 4 厘米的小块，将其通过左右振动的机器，把小块分解开，变成易于发酵的状态。

5. 发酵

筛选结束后，把茶叶放在温度 25 ~ 28℃、湿度 80% 的条件下，通常需经过 30 ~ 160 分钟的氧化发酵。

在发酵架或者贴着瓷砖的台面上，将茶叶堆积到 7 ~ 8 厘米高，使其进行发酵。贴瓷砖的情况下，有时也会在下面铺上电热线，当温度无法达到的时候进行人工加热。

6. 干燥

　　氧化发酵后的茶叶处于富含水分的湿润状态。将其放入烘干机中蒸发掉水分使其干燥，就能停止发酵，变成红茶。干燥温度是 95 ~ 98℃，需干燥约 20 分钟，制成的红茶含水率在 2% ~ 3%。

7. 区分

　　完成干燥的茶叶，要去掉茎秆进行干洗，接着把茶叶放入区分机，将其形状按照一定的标准进行分类。从上到下分为 4 ~ 5 种网眼，通过这里的就是同一个尺寸的红茶（区分等级），共分为 OP、BOP、BOPF、F、D 等不同尺寸的红茶。

8. 包装

　　同一尺寸、各个形状被筛选出的红茶，装入各自的袋子中进行保管，参与茶叶拍卖。一袋的重量根据尺寸的不同也存在差异，在 40 ~ 48kg 之间。

将采摘下的茶叶送去工厂。

即使实现机械化，也需要人的手参与其中。

CTC 制法的工序

1. 萎凋

CTC 制法同样需要使茶叶干燥，蒸发掉 30% ~ 40% 的水分，这样可以让茶叶的纤维质变得柔软而容易加工。

2. 茶叶滚切机

将完成萎凋的茶叶放入茶叶滚切机，完成粗略的切割。

3. 放入 CTC 机器

根据制法设计的 CTC 机，表面布满细小的刀刃和沟槽，茶叶进入到上下两根滚轴中间，受到滚轴的压力和回转的差异，完成 CRUSH（碾碎）、TEAR（撕裂）、CURL（揉卷）3 个步骤，从而得到细小颗粒状的红茶。

4. 发酵

将 CTC 机中成型的茶叶放入区分机进行筛选，把茶块分解开后进入氧化发酵过程。因为茶叶已经呈现颗粒状，所以发酵时间较短，多在 20 ~ 40 分钟。

5. 干燥

将完成发酵过程的茶叶放入烘干机，停止发酵。干燥温度是 95 ~ 98℃，时间是 20 分钟左右，与正统制茶法相同。需要注意的是，不要让干燥的温度过高，以免烧焦茶叶。

6. 区分

CTC 制茶的情况下，茎秆和茶叶是混合在一起的，不需要进行干洗，只需要将其放入区分机，将同样颗粒分拣到一起，与散为粉状的茶叶进行区分。制成的 CTC 茶直径为 2 ~ 3 毫米，最小的为 1 毫米左右。较大形状的 CTC 茶也可放入茶壶进行泡饮。

【专栏】
红茶的主要成分是什么

单宁与茶的香味有着很深的关系

红茶含有多种成分，其中主要为单宁、咖啡因、维生素类和氨基酸。

这其中特别是与茶叶香味有着很大关系的单宁，作为产生涩味的成分而被众所周知。单宁是大部分植物都含有的物质，特别是在茶叶中含量很大。单宁是儿茶素类的集合体总称，不止与红茶的香味有关，也是造就其水色的重要物质。

单宁的含量根据茶树的品种、采摘的时期、产地等不同而有所差异。太阳直射强的热带地区，例如阿萨姆种，含量可达 19% ~ 22%，日本的绿茶则仅含有 15% ~ 18%，因此用于制作红茶的阿萨姆种更适合在热带地区进行栽培。

红茶的儿茶素有 4 种

红茶中含有的儿茶素分为表儿茶素（epicatechin，EC）、表儿茶素没食子酸酯（epicatechin gallate，ECG）、表没食子儿茶素（epigallocatechin，EGC）及表没食子儿茶素没食子酸酯（epigallocatechin gallate，EGCG）4 种，其中，含量最多的是表没食子儿茶素没食子酸酯。

主要的茶成分含量

成分（％）＼种类	玉露（上级）	玉露（中级）	煎茶（上级）	煎茶（中级）	釜炒茶（上级）	釜炒茶（中级）	粗茶	焙茶	乌龙茶	红茶
咖啡因	4.04	3.10	2.87	2.80	2.99	2.99	2.02	1.93	3.87	3.90
儿茶素类　ECG	1.35	1.65	2.47	1.76	2.38	2.68	2.40	1.56	1.16	3.92
儿茶素类　EC	0.36	0.50	0.74	0.91	1.20	0.86	1.07	0.40	0.33	0.67
儿茶素类　EGCG	6.65	6.60	8.16	7.53	7.43	10.85	5.58	5.00	3.60	4.02
儿茶素类　EGC	1.68	2.04	2.77	3.36	3.09	3.77	3.28	1.36	1.01	0.80
儿茶素类　合计	10.04	10.79	14.14	13.56	14.10	18.16	12.33	8.32	6.10	9.41
氨基酸	5.36	2.73	2.70	2.18	2.73	2.73	0.77	0.20	1.04	0
维生素C（mg/100g）	110	110	260	260	200	200	150	44	8	0

公益社团法人日本茶业中央会

　　这些儿茶素在红茶制茶过程中受到氧化发酵的作用而变质，氧化为一种叫作茶叶黄素的橙红色色素以及叫作茶红素的褐色色素，正是它们使红茶水色得以呈现出透明红色。

　　单宁的药用价值是具有调理肠道的功效，同时还具有抗癌、抗菌、降低血液中的胆固醇以及降压等功效。

　　咖啡因是黄嘌呤生物碱的一种，茶叶中的含量为2%～3%，在红茶的制茶过程中几乎没有改变。其味道，能感觉到苦味。咖啡因能很好地溶于热水，是一种低温不易析出的物质。就药用效果来说，可以消除疲劳，也能抑制头痛。

其中也含有蛋白质，但因其不溶于热水，几乎都残留于茶叶中。可是，主要为了让氨基酸溶解释放，因此茶水中含量最多的是单宁，而单宁也是体现红茶甜美滋味的主要成分。

维生素类在生叶中，含有维生素 A、维生素 B_2、烟碱、泛酸、维生素 C、维生素 E 等，在制茶过程中，有的会发生变质，且因为维生素 E 等不溶于热水，如果不完整食用生叶，就无法摄取。

第二章

红茶的商品学

茶叶的品质与保存

茶叶的等级不同，其品质是否存在差异

红茶的等级并不是在鉴定红茶时根据其特性表现对其品质按特级、上级进行区分，而是按茶叶的均一大小进行筛选，将同一形状大小的茶叶分拣到一起时所表示的分类。

目前通行的正统派制法的尺寸区分，从大到小分别为OP、BOP、BOPF、F、D。

并非各自的大小形状都有统一的规格，制茶工厂在进行区分的时候，根据网眼（金属网眼的尺寸）的情况，长度和粗细都有不同。不过等级的叫法与长度、大小、粗细有着共同的认知，如下这样表示了从大到小的顺序。

OP（橙黄白毫）

在中文中被叫作"橙黄白毫"。"橙黄"是指闷泡出的红茶水色，是透明度极高的淡橙色；而"白毫"则是说向茶杯中倒水后，红茶的表面浮起细细棉絮般的纤维。白毫是茶的新芽部分表面生成的一层绒毛闷泡后所呈现出来的样子。也就是说，是含有非常多新芽的红茶所表现出的，这些新芽没有被切成小块，而是保持了原本较大的形状混入其中。

OP的尺寸一般长度在1~2厘米，是茶叶中尺寸最大的。OP尺寸的红茶中，最常见的要数印度的大吉岭红茶和中国的祁门红茶，最近虽然所见较少，但阿萨姆红茶、尼尔吉里红茶、斯里兰卡红茶中的努沃勒埃利耶红茶、乌瓦红茶也会有少量产出。

BOP

　　制作完成的茶叶大小在2～3毫米间的细小形状，被统一称为BOP型。红茶受到产地与海拔、采摘季节与气候的影响，香味会变强，而涩味也会有强弱的变化。涩味较强的茶叶适合制成OP型，慢慢地析出，以缓和涩味，更好地享受其美味。

　　而中等程度涩味的茶叶，就需要缩短析出时间，以达到强烈的香气与味道。这种情况下，就要将叶形变得细小，让析出变得更容易。所以要将经过揉捻的大片茶叶放入茶叶滚切机，切成细小的2～3毫米的大小，称为BOP型。被制成这个尺寸的红茶，多为斯里兰卡生产的茶叶。

BOPF

　　BOPF是BOP型的茶叶在经过区分机后，把从网眼掉落下来的1毫米左右的细小茶叶收集起来得到的。因为BOP中含有大量新芽，是优质茶，所以按等级来

茶叶的等级区分 （GRADING）

正统制法的红茶

　　正统制法是按照茶叶的形状，将原本大小的全叶（WHOLE LEAF）、被切得细小的碎叶（BROKEN LEAF）、比碎叶切得更细的碎茶（FANNINGS），以及极细如粉状的茶粉（DUST）来做大致区分的。

WHOLE LEAF 全叶

TGFOP 含有较多黄金芽叶的均匀茶叶

FOP I 含有嫩芽的一级均匀茶叶

FOP 含有嫩芽的均匀茶叶

OP 均匀茶叶

BROKEN LEAF 碎叶

FBOP 混合了嫩芽的碎叶

BOP I 一级均匀碎叶

BOP 均匀碎叶

FANNINGS 碎茶

BOPF 加工均匀碎叶时产生的碎茶

F 碎茶

DUST 茶粉

DI 一级茶粉

D 茶粉

说虽然表示其细小，但却是上品茶，味道比起BOP型涩味更强，也更醇厚。

F

被称作碎茶（FANNINGS），是BOP再下一级网眼下区分后收集到的1毫米左右的细茶。析出快，涩味强，通常用于制作奶茶，也会用于制作袋泡茶。

D

被称作茶粉（DUST），虽原意有垃圾尘埃的意思，但在红茶中，是指茶叶的区分工序中从最下级的网眼中钻出掉落的细微颗粒状茶叶。作为红茶有扎实的风味，且具有很强的酸味，味道极浓，主要用于制作袋泡茶。

🌸 梦幻红茶

被称作"金片""银片"，只采摘茶的新芽制作收集而成的红茶。表面覆有绒毛的新芽经过干燥会发出银色的光芒，这就被称为"银片"，多产于春日采摘的大吉岭红茶和阿萨姆红茶。而"金片"也是指新芽，只是采摘的时间不同。初夏和秋季采摘的茶叶，新芽生长得更好，也更粗更长，将其烘干后可以得到黄色的茶叶，因其看着有如金色，所以称之为"金片"。

金片、银片因不掺入茶叶只含有芽片，因此产量格外稀少，价格也十分高昂，被称为梦幻红茶。但实际上，无法做到只收集新芽部分，同样也会混入其他茶叶一起，只是其新芽含量较多，增强了风味，使涩味变得优雅，香气也受到影响。正因如此，混入更多的金片、银片，成为高级红茶的条件之一。

袋泡茶的内容物和普通茶叶的不同

袋泡茶是将茶叶放入纸、不织布或尼龙网袋之中，将其沉入热水中以析出红茶。同将普通茶叶放入茶壶，倒入热水闷泡使其析出相比，更容易发挥出红茶的特性。

在放入纸、不织布或尼龙网袋中的情况下，普通茶叶难以析出，为了弥补这种不足，就需要选择能够更快、更好、更容易析出的茶叶，形状细小的F型、D型茶叶多会成为首选。不过，最近更多的袋泡茶开始采用三角四面体成型的尼龙网袋，因其更容易析出的形状和材质，使得BOP型茶叶也可以装入其中了。

当然，用茶壶泡茶的情况下，采用任意等级的茶叶都可以，但BOPF型、F型、D型因太过细小，会通过滤茶器，导致茶叶渣掉入杯中，因此还是会以OP型、BOP型为主流。

调查红茶的特性、鉴定

红茶的三大要素是味道、香气、水色，在了解这些特征的前提下，可以掌握这些红茶的使用方法、用途，进而在制作饮料时将其广泛应用。

红茶的鉴定会在各种各样的场合下进行，其主要分为3个阶段。第一，是在工厂制茶时进行的，为了能够立刻对产出的红茶做品质监管而进行的鉴定。其次，是在拍卖时进行的，由茶商们来鉴定该红茶是否值得购买。这种情况下，是将红茶作为材料来进行判定，最终将决定其作为混合商品的用途。最后，是考虑如何将成品红茶闷泡、搭配食物、用于展示的最终阶段的鉴定。

红茶的鉴定方法被称作"茶杯测试"。在150毫升的有盖茶杯中，放入3克茶叶，倒入即将沸腾的热水，盖上杯盖，像个小茶壶一样闷泡茶叶。经过3～4分钟的闷泡，压住杯盖，将萃取的茶汤倒入另一个白色杯子中。为了倒出最后一滴，请将盖着杯盖的茶杯尽量倾斜，把茶叶渣倒置在杯盖中，用于查色闻香。

倒入茶杯中的红茶，用汤匙掬起，发出"嘶、嘶"的声音，跟空气一起吸入口腔，反复转动舌头来品尝味道。与此同时，用鼻子感受茶香，判断红茶的特性。含在嘴里的红茶，不要喝下去，而要吐在渣斗中。因为用茶杯萃取的红茶极为浓烈，为了能在一汤匙下就鉴定出优劣，相较于普通饮用时茶汤更浓，不适宜饮用。使用茶杯来鉴定红茶，不仅可以判断出味道和香气，还可以判断出茶汤的水色，因此要统一使用白色的茶杯。

购买红茶时需要注意的要点

红茶作为农作物，要买入新鲜的产品，建议尽可能快地饮用。不要一次性大量买入，建议一次购买1～2个月内能够饮用完的量。在保持新鲜度方面也可以其饮用期限来确认，有的则会记载生产时间。如果是散装计量购买，没有任何标记的话，就要询问一下制茶或购入时间，用以确认。

混合的红茶，其制茶的时间都各不相同，但从混合包装日开始到饮用期限的时间是固定的。因此，新鲜度虽然无法确定，但为了能确保红茶的风味不会损失，请一定在期限内饮用。

购买红茶的时候，先不要考虑混合或是价钱，首先要根据使用目的进行选择。价格高昂的红茶并非一定美味，要根据红茶的特性与食物的相容性以及采用何种方式饮用等目的来进行选购。

红茶的保存方法

红茶的保存容器多给人一种四方罐子上面有个圆形盖子的印象，这种形状是从英国流传出来的，红茶从中国、印度、斯里兰卡等地装载发出的时候是装在100磅（约45千克）四方形木箱中，存放在船舱中。这个箱子被称为货箱，茶叶都从这些货箱中取出。因而，英国人对红茶是放在四方箱子或四方罐子里有了既定印象，也就将其储存在四方形的罐子中了。此外，在装箱运输的时候，四方形不占额外的地方，也更具效率。

关于保存性，很遗憾，一旦开封，红茶就难以长久地保存。使用圆形的盖子，最初是因为在密封时能更近紧密地将其封闭，但是用汤匙或其他长柄多次撬动开启后，就会变得松弛，而难以保障其密封效果了。

如果想尽可能长久地保存，可以将其转移到密封性高的陶制保存容器中或是日本茶的茶筒中进行保存。不过，大体上四方罐的容量都在125～250克之间，预计可以在1～2个月之间饮用完的容量，所以与转换容器长久保存相比，还是尽快饮用完比较好。

红茶的道具

茶壶

作为泡茶的茶具，最早是指从中国传来的小茶壶。不久，英国人开始享用红茶，使用的是银质茶壶。这是在红茶普及之前，从17世纪中期开始，饮用可可茶时使用的茶具，壶嘴细长，有着椭圆形的形状。虽说是银质，但英国的银制品被称作"925银"，根据当年的经济情况，其银质含量也有所不同，并非固定含量。

之所以使用银质茶壶，是因为当时陶瓷器的制作工艺还不成熟，做不出优质的器皿，即使有也都价格高昂。当然，银质茶壶同样也很昂贵，但与陶瓷器相比，银器的加工工艺更加成熟，也更易入手。

现在，如果手中持有银质的茶壶，那么就足够使用了。不论是保温性还是析出性，都毫无问题。只是，如果说到难点的话，银制品很容易氧化而失去光泽，必须要时常打磨，保管起来比较费力。话虽如此，陶瓷器虽然不用打磨，但相对的需要注意保存，以防破损。

茶壶就其功能来说，是为了让茶叶在热水中能够充分泡开、析出，其形状也应有利于此。不要选择细长、异形或复杂的形状，圆形或是球形才是理想的形状。茶叶在茶壶中受到壶内热对流的影响不断上下浮沉，这样可以让茶叶的成分充分析出，这种运动被称作"红茶旋转"，作为更容易引发红茶旋转的形状，推荐使用圆形的茶壶。

形状之外还有一点需要注意，壶嘴要短。像咖啡壶那样细长的壶嘴，容易被茶垢或茶叶的纤维质污垢附着，在泡茶时影响红茶的风味。另外，内部如果装有滤茶网的话，也会成为污染源，影响红茶旋转。

如果是陶瓷质地，则常使用加入牛骨灰烧制的骨瓷。这种瓷器硬度高，且保温能力优良，对于将闷泡的红茶高温保存非常有效。

茶杯

17世纪后半叶，和茶叶一起从中国传来的茶碗非常小，最初连茶托也没有，只有杯子本身。不久，人们对其增加了木质的茶托或是配套同样瓷制的茶碟，而茶碗的形状也逐渐变大了。

到了18世纪初，现代这种带有把手的茶杯在伦敦诞生了。这是以陶瓷器的啤酒杯为范本制作的，分为两侧把手和单侧把手两种类型。不过，在贵族社会的茶席中，有把手的茶杯用于非正式的轻便场合，而没有把手的茶杯则用于正式场合。茶叶到底还是具有东方历史背景的风潮啊。

到了18世纪末，茶杯变大，因为没有把手拿起来不方便，所以最终形成的主流是单侧把手的形制。

与咖啡相比，红茶的香气较为稀薄，味道也更加纤细。为了让口感更好，茶杯就要做得较薄；而为了让香味更容易闻到，杯口就采用了广口的设计。此外，广口浅底的杯子，光线可以照在杯底引起反射，能够更好地欣赏茶汤的水色。

茶杯演变成现在这样的形态并非是毫无根据的，而是充分考虑了味道、香气、水色的三大要素以及优雅的饮用仪态，从而潜心发展设计出来的。

茶匙

茶匙的使用目的有两个：一是舀起茶叶放到茶壶里；二是在放入砂糖、牛奶后进行搅拌。在舀起茶叶的时候，中国和印度阿萨姆的茶叶都为OP型的大叶茶叶，舀起的部分如果不用大号的汤匙，就不容易放进去。另外，为了向人炫耀高价茶叶而用小汤匙装进去，会让人觉得很小气。这种时候为了撑门面，也是使用大号的汤匙比较好。在过去，茶叶都存放在如宝石箱般豪华的茶叶箱中，用于舀出其中茶叶的汤匙是比通常型号大一倍左右的大汤匙，被叫作茶罐汤匙。

这也是因为与当时流行的咖啡、可可茶不同，红茶是放得越多越美味。

红茶的茶杯比咖啡杯更大，杯口也更宽，这是为了能够更多地饮用。也因此，过去的咖啡匙横放在茶托上会显得太小，破坏平衡感，所以茶匙要比咖啡匙大上一圈。

茶箱汤匙

17世纪后半叶，红茶经由荷兰传入英国时，是名副其实的高价货品，是普通老百姓所无法企及的。进入18世纪，英国东印度公司开始直接从中国购入红茶，但由于政府课税繁重，茶叶依旧价格高昂，一小撮茶几乎与金银同价。那时候的茶叶作为权力与财富的象征，由极少部分王公贵族或是富豪阶层的人所把持，茶叶的保管也极尽奢华与庄重。出于这样的考虑，制作了形同宝石箱的箱子，配上锁，对茶叶加以保存，这就是茶箱（CADDY BOX）。

在这个箱子中，还有两个小箱子，将红茶和绿茶分别装在各自的箱子里。在茶箱的正中间放置一个玻璃球，在里面放入红茶和绿茶，可以混合出一种新的茶叶。将两种茶叶混合在一起并没有特别的意义，只是在向人炫耀两种茶叶的时候使用，舀取茶叶时，需要使用大号的茶箱汤匙。

茶箱汤匙也是银质的，是为了舀取茶叶而专门制作的。现在也成了古董，也有大量的复制品，但很少有人用其计量茶叶，代替量匙使用。

量匙

虽然是在鉴定红茶的时候用于舀取茶叶的汤匙，但此时使用的汤匙大小并没有制定统一的规格。通常的茶匙盛满BOP型的茶叶约为3克，不过，F型、D型或OP大叶型茶叶各自的计量又各有不同。

虽说是量匙，但不是称量同一种类型的茶叶，并没有规定是称量OP型还是BOP型的具体类型。量匙的大小作为一个标准，以此来进行计量——1量匙、2量匙这样，作为基准来考虑是可以的。茶叶的计量相对来讲比较随意，可以根据茶叶的特性来加以调整。

茶壶套

茶壶套是将红茶倒入茶壶后，套在茶壶上用于保温的"帽子"，为的是在喝茶的时候尽可能地计红茶慢点降温，起到保温作用。

在茶壶中放入茶叶，倒入热水，引发红茶旋转，让红茶得以析出。茶叶的旋转受到壶内热对流的影响，倒入热水后，需要立刻套上茶壶套，让茶叶保持漂浮在上面的状态，促进红茶旋转的完成。茶壶套的使用，就是为了能尽可能地给析出后的红茶进行长久保温。

至于使用的场合，冬天室温较低时或是在庭院里有风时，都可以使用茶壶套来保温。

热水罐

　　饮用红茶的桌子上，除了有倒入红茶的茶壶，还有装着热水的热水罐。根据自己的喜好，可以用这热水自由地改变其味道，调整红茶的浓淡。

　　红茶与其他饮品不同，既可以主张自己喜欢的口味，也可以变作其他口味来进行饮用。如果有小孩子或是自己的身体状况无法饮用过浓的红茶，可以在一杯红茶的基础上，从热水罐中倒出热水加在杯中，适当调淡浓度再行饮用。另外，茶壶中剩余2杯左右或是想要把最后一滴茶汤倒出时，都可添加热水，调整浓度。

　　在餐厅或是酒店，基本上都会配备热水罐，可以根据自己的喜好自由地调整浓度。饮茶的时间变长的情况下，红茶也需要重新闷泡，变凉的热水需要多次更换，保证其总能保持高温，以便于使用。

　　关于热水罐的使用方法，基本上是把红茶倒入杯中，再在杯中适量添加热水进行调整，而不是打开茶壶的盖子，在壶中二次添加热水。之所以这么做，是因为倒入热水，会冲刷沉在壶底的茶叶，导致因吸满水分而变得脆弱的茶叶释放出纤细的纤维质，随茶水倒入杯中。这不仅会给红茶平添涩味，还会让水色变得浑浊。

　　红茶与绿茶不同，不饮其纤维质，而是将儿茶素和咖啡因溶解于透明的茶汤中饮用。日本茶和中国茶都可沏二道、三道甚至更多，但在这一点上，红茶却是全然不同的饮用方法。

牛奶壶

在咖啡菜单上也有加入普通牛奶的咖啡欧蕾，但大多是使用脂肪含量较高的奶油。这种情况下，140～150毫升的咖啡加入10～15毫升的奶油就足够达到乳脂状的感觉了。

可是，在英式奶茶中，却是用低温杀菌牛奶替代了奶油，而且最好是采用不均质牛奶（参照P.109）。

因为使用了这样清爽风味的牛奶，不多放一些，就没有奶味，因此要放入比咖啡加入奶油的量多几倍的牛奶才可以。一杯至少要放20～30毫升，多的时候甚至要放到杯子容量的1/4左右。而且这个红茶一个人大概要喝2～3杯，这样就需要大量的牛奶，牛奶壶需要准备大号的，容量为150～250毫升。

沙漏

闷泡红茶的时候，把茶叶放入茶壶，再倒入热水，用来计时3分钟闷泡时间的就是沙漏。而需要沙漏来精准计算3分钟时间的，一般是在鉴定红茶的时候。这是将众多品种的红茶以同一条件析出，以便比较其特性的固定规则。

通常，茶叶的大小为OP型、BOP型、BOPF型，这些类型的茶叶等待析出时间、香气达到最佳状态的时间，OP型是5～6分钟，BOP型和BOPF型则是2～3分钟，不要错过时间，想要尝到第一杯最好的香气，就靠沙漏起作用了。

不过，平常享用红茶的时候，不需要如此严格，稍微早一点或是晚一点，对香气不会有很大影响。话虽如此，但把沙漏摆在茶桌上，看时间慢慢流过，细致地进行泡茶展示，能够很好地烘托气氛。

滤茶网

日本茶的闷泡方法中，无论是煎茶还是粗茶，都不会使用滤茶网过滤出茶汤，这种情况下即使将茶叶渣和茶叶梗倒入茶汤中也并不失礼。

但在饮用红茶的时候，如果倒入茶叶会受到嫌弃，因此多会使用滤茶器。日本茶原本就不是透明水色，最初多少都会混入些纤维质来饮用，而这样的纤维质也作为饮茶的乐趣之一，被看作茶汤浓郁的表现。另一方面，红茶在经过氧化发酵后，富含了更多的涩味成分儿茶素，比起绿茶涩味有所增加。因此，去除茶叶渣的透明水色更能享受红茶清爽的味道。另外，红茶取得红色通透的水色是其美味的一大要素，花费时间滤除茶叶渣也是很有必要的。

尽管如此，过去即便在英国也是不使用滤茶器的，有时甚至会故意将茶叶渣留在杯中，以观察杯中残余的茶叶渣来进行占卜。

原本，不论是绿茶还是红茶，都会有茶叶渣混入茶汤之中，饮茶的时候茎秆浮上来就会碍事。可是，把它们吐出来也很麻烦，会给难得享受的饮茶时光带来不快。正是出于这样的考虑，不同国界的人们有了一致的想法。对此有所了解的话，不论有没有滤茶器，都可以感受愉快的饮茶氛围。

点心架

在酒店或是咖啡厅点下午茶时，茶点会被摆在三层的点心架上送上来。

这是因为进行下午茶的场所并非用餐的地方，而是像客厅这样的沙龙或是茶室，在这样狭小的空间里摆放点心架，是为了能够节省空间摆放茶点。

点心架通常上层用于摆放蛋糕，中层用于摆放烤制的司康饼，最下层则用于摆放三明治。不管摆放在哪个位置，食用的顺序都是咸味的三明治，尚有余温的司康饼，最后是甜点。有的时候，盛放的点心架会空出一层，只准备三明治和甜点。这种情况下，通常是为等候现场烤制的司康饼留出的时间。

可是，这个点心架也并非所有下午茶活动中都会出场。在大型茶桌上有空间的情况下，或是会场开阔，茶点以自助形式摆满一层的情况下，会采用这样看起来更华丽的方式。即使是自助餐的情况下，茶点的取用顺序依旧是按三明治、烤制点心、甜点的顺序。

点心架同日本的多层食盒相似，想必这种把精心准备的餐点精美摆放后再加以呈现的想法，即便跨越国界也都是相同的吧。

茶巾

在设置下午茶的场所，常常能见到这样的布——宽30厘米，长60～70厘米，上有花纹，被叫作茶巾的布。茶巾上的花纹非常丰富，有风景画、水果、食器、茶壶茶杯、植物、人物等，各式各样的设计呈现其中，现在在英国各地都有销售。

茶巾的使用方法是在举行饮茶派对的时候，用来覆盖放置在茶桌上的茶壶、茶杯以及茶点上，偶尔也用来作为桌布的点缀，铺在上面。

茶巾原本是用来擦拭沾湿的食器、刀叉的，现在则多用于收藏，或是做些时尚展示的时候了。

烧开水的壶

红茶中含有的儿茶素与铁、镁、钙等产生化学反应，会改变红茶的味道、香气以及水色。因此，像是日本这样使用软水闷泡红茶的情况下，水壶的金属成分会对其有微妙的影响。例如，使用铁质水壶煮沸的热水闷泡红茶，会降低透明度，使水色浑浊，纤细明快的涩味也会变成浓重的涩味。

关于这一点，铜质、铝质、玻璃质或陶瓷器水壶就不会改变水色。而在那些原本水质较硬的国家，即使使用铁质水壶烧水，也不会对红茶的风味产生很大影响。

俄罗斯的传统茶具俄式茶炊

俄式茶炊是18世纪初期设计的一款茶用的煮沸开水的器皿，用于煮沸时常饮用的蜜糖水，仿照水壶与中国火锅制作的"桌上锅"。

在俄罗斯，以莫斯科以南200公里的图拉市为中心，莫斯科、圣彼得堡等地有大量制作茶炊的手工艺人。

最初的时候，是圆筒形或球形，盖子部分设计有烟囱。盖子下面是汽锅，里面放入了白桦树做成的木炭，将其沉入水中，将水煮沸。沸腾时，左右两边的蒸汽笛会发出"哔——"的蜂鸣声。壶身上有壶嘴，持水壶置于其下，往壶中倒热水闷泡红茶。

将红茶倒入茶杯或玻璃杯中，如果觉得这杯红茶太过苦涩，可以拿着杯子再到壶嘴那里加入热水稀释。茶炊是可以全天候煮沸热水的供给热水的器皿，也能起到保温器的作用，可以替代热水罐来使用。

绝对不能将茶叶放入茶炊中，在其中煮制红茶。俄罗斯的主妇总会打磨茶炊，以保持其闪闪发光的状态，为家人煮制红茶，准备手作果酱是其最大的梦想。有了茶炊，一家人共同饮用热气腾腾的红茶的场景，成为最平和幸福家庭的象征。

俄罗斯的传统茶具，俄式茶炊。

土耳其的两层式水壶茶具

　　土耳其的红茶闷泡方法，将大小两个不锈钢制的茶壶上下摞在一起，花时间把水煮沸。形制虽然有所不同，但方式跟俄罗斯的茶炊几乎是一样的。首先是在下面的大号水壶中装满水，直接放在火上烧。在上面小号的水壶里放入茶叶，叠放在下面的水壶上，预热一会儿像蒸制那样加热。上面茶壶里的茶叶经过充分的蒸制后，将下面茶壶中的热水倒入其中，闷泡红茶。

　　如此闷泡出的红茶十分浓郁，可以像俄式茶炊那样，用下面大水壶中的水对红茶进行稀释调整。

茶球

像是将两个滤茶器合在一起的带有网眼的球。在其中放入茶叶，然后放到茶壶里将红茶析出。类似于可以多次循环使用的袋泡茶的感觉。

优点是可以不会将茶叶渣残留在壶中，便于扔掉。缺点是茶叶被放在狭小的球中，不能引发红茶旋转，香味会变弱。

茶球基本上是沉在茶壶中使用，因此，如袋泡茶那般直接将其放入马克杯或是茶杯中析出的使用方法是错误的。这样做就只是在茶叶渣的处理上变得稍微方便一点儿，但将茶叶放在茶壶中闷泡，更能获取到红茶的美味。

茶篮

将茶杯、茶壶、刀叉和放在茶巾上的三明治、烤制点心、水果等茶点混装在一起，拿去野外享用红茶的时候使用的就是茶篮。英国的贵族社会中有不进行正式午餐，用茶篮简单装取餐点、红茶，去郊外食用的习惯。此外，在常常被修整的英式庭园里，也会准备桌椅，在那里享受红茶的乐趣。

在外面享受红茶的乐趣时，最让人担心的是闷泡了热的红茶，能否将其保温的问题。这里最重要的就是茶壶套了。

在户外想方设法地确保得以享受红茶的乐趣是很难的，也正因如此，奢侈地享用美味的红茶时光才更有乐趣。

【专栏】
红茶的成分可以预防疾病

对于动脉硬化高血压的效果

人体循环脏器的故障与胆固醇有很深的关系，被胆固醇异常附着的动脉会失去弹性，从而影响机能，这就是被称作动脉硬化的现象。其结果是因胆固醇而变得黏稠的血液流动缓慢，变得易于堵塞。但是反过来，如果胆固醇过低，血管就会变得脆弱而容易破碎。

红茶的主要成分茶多酚能够降低血液中胆固醇的浓度，而且可以让体内的胆固醇回到肝脏。

高血压几乎大部分都是遗传的原因不明的原发性高血压。科学研究证明，茶叶中含有的儿茶素类（单宁）有很强的降压作用，而低血压的人或是血压正常的人饮用，也不会导致血压下降到正常值以下。

抑制血糖值上升，预防糖尿病

糖尿病是指血液中的葡萄糖含量异常增加的病症。调整人体内葡萄糖含量的物质是胰岛素，在它不起作用的时候，葡萄糖在血液中就会溢出，肾脏无法处理，就混在尿液中排出体外。其结果是肾脏的机能变差，引发肾脏机能障碍。

科学研究证实，茶叶中含有的儿茶素类能够摄取葡萄糖，从而抑制血糖值的上升。而日常生活中如果有饮茶的习惯，也能有效避免罹患糖尿病。此外，如果已经发病，那么饮用红茶也能抑制血糖值的上升。

红茶成分能够改善骨质疏松

2015年2月24日，在日本《朝日新闻》上刊登了一篇名为《骨质疏松症的改善》的报道。

大阪大学等研究机构经过实验证实，红茶中含有的大量物质能够阻碍老鼠体内产生破坏骨骼的细胞——破骨细胞的生成。论文概括地说，红茶成分的获取，可能对改善骨质衰弱的骨质疏松症有紧密的联系。

研究机构将研究方向放在与产生破骨细胞有关联的物质和反应酵素上。研究发现，红茶中含有一种名为TF3的多酚，能够抑制酵素产生作用。

可以确定，在已经产生骨质疏松症的老鼠血液中注入TF3一段时间，破骨细胞的数量就会减少，骨含量会增加，改善为几乎健康的骨骼。

实验中，为老鼠注射的TF3的计量，以体重60千克的人饮用红茶的量来说，相当于3天1次，半年饮用60杯。

降低心脏病的发病风险

2012年1月7日，在《日刊工业新闻》有一篇名为《心脏病的发病风险，红茶1日3杯即可降低》的报道。这个研究成果是在美国的心脏学会议专题论文集上发表的，关于这点，当时来到日本的研究红茶黄酮类化合物的荷兰某健康研究所的希拉·魏茨曼博士接受了采访。

红茶黄酮类化合物是由30%的儿茶素、47%的茶红素、13%的茶叶黄素、

10%的黄酮醇产生的，这与绿茶黄酮类化合物单纯由儿茶素和黄酮醇产生相比要复杂。这是因为红茶在制作过程中受到了氧化，儿茶素的一部分发生聚合作用，变成了茶叶黄素，而这进一步产生聚合作用，变成了茶红素。茶红素是红茶所特有的成分。

红茶黄酮类化合物具有抗氧化作用。在试管实验中，对儿茶素和茶叶黄素的抗氧化作用进行调研，其活性是维生素C、维生素E的4～5倍。尽管在生物体内的作用情况尚无法言明，但可以说比单纯化学构造的维生素效果显著。即使与其他食物相比，红茶的抗氧化能力也名列前茅，这点是毋庸置疑的。

此外，儿茶素和茶叶黄素对癌症的发病风险也有降低作用。特别是其具有抑制癌症细胞增长的能力，尽管现在还不能百分百地确定其结构式。

医学系杂志上发表文章称，改善血管的扩张机能，对降低心脏病的发病风险具有一定的作用。有助于血管扩张机能改善的一氧化氮与活性酵素反应，会损害血管的扩张机能，成为心脏病的风险因素。红茶黄酮类化合物能够去除活性酵素，帮助一氧化氮维持其机能性。

关于红茶与心脏病关联性的实验，是以白色人种为对象进行的，在日本，以黄色人种为对象的实验也在进行中。

消灭流感病毒

通过飞沫传播的流感病毒，其病毒的开端是侵入患者的口鼻，为了吸附在细胞上而长有尖触。流感病毒以尖触的前端为连接部，侵入细胞之中。而这个尖触根据当年流感病毒的流行型号而每年都会有所变形。

如果注射流感病毒疫苗，抗体就是捕捉到病毒类型，与其尖端结合，使其丧失活性，从而起到作用。可是，如果抗体的类型不对，就无法发挥效力，病毒依然会入侵。

可以确定，红茶中含有的茶多酚和茶叶黄素能够附着在病毒的尖端，使其丧失活性。也就是说，对于那些无法通过疫苗注射产生抗体，针对流感病毒类型起效的情况下，红茶的儿茶素对任何型号的病毒都能起效。

2015年夏天，日本麒麟株式会社的工藤小组研究了红茶对预防口臭起到的作用，例如喝过牛奶后，因脂肪或蛋白质的残留会导致口臭。实验证明，用热水饮用红茶可以消除臭味。实验中对牙周细菌格外关注，现在已经可以确定，红茶能够对牙周细菌的繁殖产生抑制作用。

实际上，牙周细菌借助流感病毒在起作用，而这与产生口臭时的蛋白质分解作用是同一种酵素在发挥作用。就是说，红茶阻碍了蛋白质分解酵素，起到了预防流感病毒感染的作用。

龋齿的预防

龋齿的原因是由细菌引起的。细菌能产生一种名为"葡聚糖"的不溶于水的物质，将附着在牙齿上的食物分解，然后共同形成牙垢。覆盖在坚固牙垢下的龋齿细菌能够产生酸，腐蚀牙齿，形成牙洞。

红茶中的儿茶素能够杀死龋齿细菌。此外，红茶所含成分中含氟，氟能够坚固牙齿表面，使其抵抗龋齿细菌分泌的酸，保护牙齿。茶中的儿茶素与龋齿细菌的关联，在众多试验中都得以证明，它不仅能消灭龋齿细菌，而且还能坚固牙齿表面，对口腔内起到消毒作用，进而预防口臭。

【专栏】

红茶的香气可以让恋爱顺利

红茶与生活研究所进行的一项研究表明，嗅食红茶与绿茶相比，更能激发面对异性时的心动感觉。

在日本长冈技术科学大学的中川国弘教授的实验中，让13位男性大学在校生嗅闻水和红茶的香气，并监测其脑电波。以其饮用清水时感受香气的感性为基准，测试其在饮用红茶与绿茶后所能感受到的心动的程度。

结果表明，与绿茶相比，红茶更能激发出心动感。此外，红茶的香气还能让大脑的各部分活动状态更加活跃，进一步得出红茶能够激发大脑活力的结论。

果然在约会的时候，先邀请对方一起饮茶的这种世界范围内的共识，是有一定的理论根据的呢。

第三章

激发红茶的美味

关于红茶的争论

红茶的闷泡方法在争论中得以发展

日本茶道自400多年以前开始，就作为礼法代代相传。这其中包含了茶的制法、饮用方法、礼仪、款待方式等，并不仅仅是闷泡出一杯美味的茶饮，而是生而为人的一种生活方式，包含了人与人之间的关系。可以说，茶道之中蕴含了日本人的精髓，是其处世哲学的体现。

茶叶自17世纪后半叶，经葡萄牙、荷兰传入了英国。但当时只传入了茶叶和茶具，而茶叶中所深含的奥秘、礼仪却并未传入。像是闲寂恬静这样的想法、用心等精神文化，没能得到充分的传播。

红茶在英国扎了根，此后，英国不断在中国、印度、锡兰等地开拓种茶，以供给本国。无法在自己国家内栽培种植红茶的英国，却作为红茶的消费国而声名远播。

这样的英国，最关心的并不是茶叶背后的精神文化，而是红茶的香味，即"美味红茶的闷泡方法"。对于茶叶，究其根本是其对所憧憬的东方文化的触碰，更是作为高价茶叶所代表的财富的象征。也就是说，关于红茶所争论的是富裕阶层的爱好。

关于红茶的争论，在进入维多利亚时代后变得更加激化，这时在英国的饮茶方式基础上，更加入了红茶与奶茶的闷泡方法之争，牛奶的处理成为一大争论焦点。

　　最初提出美味闷泡方法的，是1848年在家族杂志《家庭经济学家》上发表的。当时还未对牛奶的使用方法有所提案，重点放在了红茶的闷泡方法上。之所以这样说，是因为直到19世纪后半叶，牛奶作为饮料都并不普及，尽管已经知道牛奶的营养价值高，对身体有益，但饮用生牛奶会引发腹泻，只有极少部分身体孱弱的人或是能够直接挤取牛奶的人才能饮用。

　　可是，到了1862年，法国学者路易斯·巴斯德发现为了保存红酒而发明的63℃30分钟的巴氏杀菌法同样可以适用于牛奶，牛奶的保存期限得以延长，普通家庭也开始普及牛奶了。

　　随着牛奶的普及，在红茶中加入牛奶饮用的奶茶也开始普及，牛奶是先倒入杯子（牛奶在前），还是后倒入杯子（牛奶在后），就这两者哪一种更美味而展开了争论。

　　主张先倒入牛奶一派认为，先倒入牛奶能够轻松掌握牛奶的分量，从上方注入红茶更易混合，香气也更容易激发；主张后倒入牛奶的一派则认为，这样更容易调整牛奶的用量。此外，他们指责先倒入牛奶的人，如果先倒入的是热茶，茶杯就容易碎裂，觉得这样可惜的是穷苦人的做法。

　　20世纪后半叶，作为红茶爱好者而被众所周知的作家乔治·奥威尔发表了11条自己的意见。他对于红茶和牛奶的顺序做了清楚的说明："先倒红茶，再倒牛奶。"后倒入牛奶，是为了能调整牛奶的用量。另外，出于会丧失风味的理由，他反对使用砂糖。但终归，这是奥威尔的一家之言，不必全盘接受，只是就此阐述而已。

　　随着红茶争论的白热化，红茶茶商们也加入了争论。川宁和杰克逊各自提出了9条闷泡的方法，内容大体是一致的。川宁认为牛奶应该先放，而杰克逊则避免了正面回答这个问题。

　　就这样，让英国的红茶拥趸们痴迷的红茶争论，在2003年6月24日由英国皇家化学协会的安德鲁·史蒂普利博士提出，先放牛奶更美味已得到化学研究证实，并就此得出暂时的定论。

英国流传的美味的闷泡方法

那么，从这里开始，将向大家介绍各种各样的红茶闷泡方法的提案。

《家庭经济学家》上刊登的闷泡十法

1．闷泡红茶最重要的是水，使用硬水会影响其风味，请一定注意。

2．水壶一定要把盖子盖紧，以保持清洁，不能使用附有水垢的水壶。

3．关于茶壶的材质，按优选的顺序来说，是银质、中国陶瓷器、英国金属、黑色的韦奇伍德（Wedgwood）瓷器、英国陶瓷器。

4．茶壶和热水的分量。3人份的时候开始要放入适当的分量，注入3杯分量的热水，这之后再倒入2杯分量的热水，如果需要续杯的话，可以立刻倒出。

5．茶叶要选用优质品。考虑到红茶对健康有益，一般喜欢跟绿茶搭配饮用。

6．标准配比是1盎司（约28克）的茶叶倒入2夸脱（约2.8升）的热水。

7．茶叶一定要一次性放足分量，如果二次加入的话，就会有损风味。

8．倒入热水的时候，首先倒入少量水，让茶叶充分濡湿，经过2～3分钟的闷泡，再倒入足量的热水，不要放置5分钟以上。

9．把茶杯放在茶碟上的时候，为了不让热量流失，需要在茶桌上铺上羊毛垫，把茶碟放在上面保温。

10. 想要喝起来美味，就需要选用优质的砂糖和牛奶。首先在杯中放入砂糖，然后倒入牛奶，再将红茶倒入其中，使其柔滑地混为一体，就能得到风味绝佳的奶茶了。

🫖 川宁公司的闷泡九法

1. 选用优质的茶叶，尽可能地选用特等品。闷泡时按人数每人1匙半的用量，茶壶还要再加1匙。请遵从本公司标注的注意事项进行闷泡。茶叶需保存在密闭容器中。

2. 要在水壶中倒入新鲜的水煮沸。

3. 确认水已煮沸后，要立刻关火。

4. 将茶壶预先温热放置。推荐使用陶瓷器的茶壶，金属制的茶壶对茶的香味会有微妙的损害。

5. 把茶壶拿到水壶那边，倒入热水。

6. 经过2~5分钟的闷泡，倒入前，轻轻转动水壶。

7. 先把常温的牛奶倒入杯中，然后倒入红茶，这样可以使红茶混合得更充分。

8. 根据特制茶的种类，可以享用红茶的风味。使用柠檬的时候，不要挤柠檬，否则会使红茶的味道变淡。

9. 倒入茶壶中超过30分钟的红茶要倒掉，重新倒入新的。

🫖 杰克逊公司的闷泡九法

1. 茶叶一定要保存在密闭容器中。

2．热水要使用滚沸后的开水。

3．热水不能使用滚沸过久的开水或是再次、多次滚沸的开水，否则会使红茶走味。

4．茶壶要预先温热放置。

5．往茶壶里倒热水的时候，将茶壶端到水壶那边，在移动的过程中注意保持热水的温度。

6．茶叶按照每人1匙的用量，茶壶还要再加1匙。

7．闷泡的时间是3分钟，茶叶较大的情况下适当延时。

8．砂糖按照个人喜好放入。

9．牛奶适合放在浓郁的印度红茶或是强烈香味的锡兰红茶中，而柠檬则更适合中国红茶。

乔治·奥威尔的闷泡十一法

1．茶叶使用印度红茶或锡兰红茶。

2．茶壶的材质选用陶瓷器为最佳。

3．茶壶要预先温热放置。

4．茶叶的用量，每1升热水，加入满匙的6匙茶叶。

5．直接把茶叶放入茶壶中。

6．水滚沸后，立刻倒入壶中。

7．茶杯使用圆筒形的马克杯，这样不容易冷掉。

8．牛奶指的不是奶油，而是普通的牛奶。

9．在茶壶里闷泡结束后，用汤匙搅拌一下。

10．先倒红茶，然后倒入牛奶。

11．如果放入砂糖，会有损红茶的风味。

🫖 英国皇家化学协会的闷泡十法

1．往水壶里倒入新鲜的软水放在火上烧，不要浪费时间、水和火力，适量煮沸。

2．等待水烧开的这段时间，往茶壶中倒入1/4的水，放在电灶上加热1分钟，预热茶壶。

3．水壶里的热水烧开的同时，把茶壶中用来加热的水倒掉。

4．按照1杯1茶匙的量，往茶壶中加入茶叶。

5．把茶壶拿至煮沸水的水壶处，朝着茶叶猛地浇灌下来。

6．闷泡3分钟。

7．茶杯可以按个人喜欢选择，而大号的马克杯则是理想之选。

8．不要使用超高温杀菌的牛奶，要使用低温杀菌牛奶。在茶杯中先加入牛奶，然后使用滤茶器将红茶倒入，冲调出美味的颜色。

9．砂糖按个人喜好适当添加。

10．饮用红茶的时候，温度在60~65℃，超过这个温度就不容易入口，会发出不雅的啜饮的声音。

红茶

茶叶与热水的比例

闷泡红茶时最重要的一个问题就是1人份茶叶的量与热水量的比例。因为茶叶量如果太少，就会淡而无味，所以大体上是根据茶叶的量来决定的。这是用茶匙盛1满匙的茶叶为基数制定的规则：1人份的话就是2匙，2人份就是3匙，1匙自己用，1匙茶壶用（ONE FOR ME ONE FOR POT）。

然而，问题在于热水的用量，这个没有特别细致的指示说明。多数人考虑的是，放入1人份的茶叶，闷泡出1杯红茶，这样往茶壶中倒热水的时候，最多也就倒入1杯半的热水，可析出的红茶却非常苦涩。

至今为止，在解说红茶闷泡方法的书籍或是规则上，几乎都只明确标明了茶叶的用量，不可思议的是，在热水的用量上都含糊其辞，未作明确的标注。作为红茶鉴定时的用量，是茶叶3克，热水150毫升，这是在做茶杯测试时的用量，使用汤匙啜饮一口鉴赏其风味用的，同平常饮用的味道全然不同。可是，茶叶如果按人数加1匙的话，倒入1杯半的热水，红茶自然会变得苦涩，会变得不受欢迎也是没办法的事。因此，这里需要调整视角，如果1人份的热水是固定的，那么可以适当调整一下茶叶的用量。

1人份的热水大概是350毫升，将其倒入茶杯中的时候，八分满大概能倒2.5杯（140毫升1杯）。

需要这么多容量的理由是，如果将茶叶放到通常大小的茶杯中闷泡，倒入的热水少于300~400毫升，那么红茶析出时就难以引发红茶旋转，无法做出美味的红茶。

茶叶与热水的比例

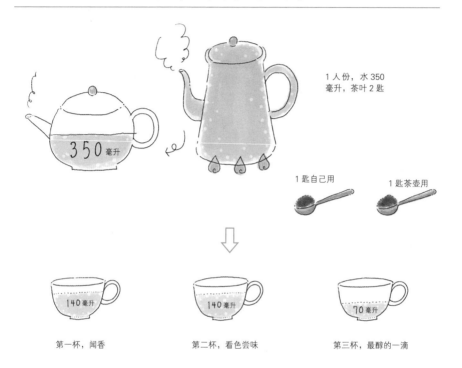

1 人份，水 350 毫升，茶叶 2 匙

350 毫升

1 匙自己用

1 匙茶壶用

第一杯，闻香 — 140 毫升

第二杯，看色尝味 — 140 毫升

第三杯，最醇的一滴 — 70 毫升

根据茶叶的等级调整闷泡的时间

OP 型
（1 - 1.5 厘米）

印度红茶、大吉岭红茶、阿萨姆红茶、尼尔吉里红茶、中国红茶、祁门红茶、伯爵格雷红茶、正山小种，倒入热水后，等待 5 ~ 6 分钟。

BOP 型
（2 ~ 3 毫米）

斯里兰卡红茶、努沃勒埃利耶红茶、乌瓦红茶、汀布拉红茶、康提红茶、卢哈纳红茶、印度尼西亚红茶、尼尔吉里红茶，倒入热水后，等待 2 ~ 3 分钟。

BOPF 型 F 型
CTC 茶（1 毫米）

斯里兰卡红茶、印度尼西亚红茶、肯尼亚红茶、阿萨姆红茶、尼尔吉里小种，倒入热水后，等待 1 ~ 2 分钟。

此处关于热水的用量，从英国传统的享用红茶的方法来考虑也是适当的。红茶的美味要在茶壶中才能闷泡出，第一杯是闻香，第二杯才是真正地享受色泽与味道，第三杯是为了将最后一滴倒入杯中。这最后的一滴被称作"Best Drop"，在其中倒入热水罐里的热水，调节浓度饮用。即是说，1人份的红茶，是一个人3杯水的容量。

决定了热水的容量，接下来配合茶叶的特性，按照个人喜好的浓淡调节即可。用茶匙盛一满匙也可以，或者少盛一点儿，下次多放一些也可以。当然，不管是什么时候都按人数多放1匙的话也会有问题，根据茶叶的新鲜程度、红茶制作厂商的混合方法以及茶叶本身的特性做适当的调节也是很有必要的。

你也许会想，一个人，喝不了3杯红茶。可是，在饮用红茶的场合，大多会与司康饼、三明治、蛋糕以及其他乳酪、鱼、肉等各种各样的茶点共同食用。它并非像咖啡这样单独享用的类型，可以跟各种食物搭配享用才是其美味的根本。于是，吃下1个司康饼，只喝1杯红茶是绝对不够的，无论如何都需要2~3杯。

在茶壶中只泡1杯红茶，热水量是绝对不够的，无论如何都需要3杯的分量，否则析出的红茶就不够美味。所以，请悠闲地充分享受红茶的乐趣。这并非标准，只是出于对热水剂量的考虑。

根据茶叶的等级调整闷泡的时间

闷泡红茶的时候，能看见桌上放置了一个计时3分钟的沙漏。这是根据茶叶的等级（叶片的大小），其闷泡时间也有不同，知道了时间，就能闷泡出红茶最棒的香气了。

　　大片的茶叶需要更长时间的闷泡，细小的茶叶则短时间即可闷泡出一杯。最能闻出香气好坏的，是从茶壶往茶杯中倒红茶的瞬间以及持杯入口的时候。为了能够享受茶香，在这里也有倒入红茶时所需遵守的礼仪，那就是一定要持壶到饮用人面前，当场倒茶。就是说，从倒茶的时候开始来展示茶香的美味。

　　英式早餐、下午茶等将等级不同的茶叶混合在一起的时候，需要根据搭配配比来调整，OP型占比较多的时候，按照OP型闷泡5~6分钟，BOP型或F型占比较多时则闷泡2~3分钟，或缩短闷泡时间配合BOP型。

　　不清楚具体等级的时候，可以较长时间闷泡5~6分钟，总而言之，稍微延长一点时间的充分闷泡更能激发出红茶的美味。

激发红茶美味的红茶旋转

　　在茶壶中放入茶叶，倒入热水，红茶就开始析出。这个时候，茶叶会一边在水中上下浮沉一边析出，这个运动就被称作"红茶旋转"。引发红茶旋转的时候，儿茶素、咖啡因会像冒出那样从茶叶中析出，红茶的味道、香气以及红褐色的提取物会溶解于水中萦绕在茶壶中。

　　红茶旋转的机理是这样的，沸腾前的热水中含有充分的氧气，将其对准茶叶猛地浇灌下去，茶叶的表面就会附着上眼睛看不见的细小的氧气泡。在其浮力的作用下，茶叶就会浮到水的上部。稍过一点时间，氧气泡溶于水中消失，茶叶中吸收了水分，因其重力缓慢下沉。可是，在热水的对流中，会再次轻飘飘地上浮。这种茶叶上下浮沉的运动，就是"红茶旋转"。

　　完美呈现出红茶旋转状态的红茶，与未能引发红茶旋转的红茶相较，味道、香气以及水色可说是有云泥之别。而想要引发红茶旋转也并非难事，只要注意满足以下条件，任何人都可以闷泡出美味的红茶。

🫖 成功引发红茶旋转的秘诀

1. 与硬水或是软水无关，但要使用新鲜的水。使用瓶装水的情况下，稍微减少一点水量，盖上盖子，上下摇晃几下让空气混入其中。

2. 即使是闷泡1人份（350毫升）的红茶，也要增加水量，煮沸1升以上的水。水量太少，水中含有的氧气也会过少，会立刻进入无氧的状态。

3. 用强火短时间内将其煮沸。关火的时间要在水温达到95～98℃，水面浮出大的水泡有缓缓波动时立刻关火。

4. 在室温较低或是茶壶过冷的时候，要将茶壶预热。

5. 热水要对着茶壶中的茶叶猛地浇灌下去，像是敲在茶叶上那样倒入热水，可以让茶叶附着更多的气泡，从而漂浮到水的上部。

6. 浮起的茶叶，气泡溶于水中，含有水分的茶叶就会缓慢下沉，在热对流中再次浮起。这样上下起伏几次，终于在几分钟后彻底地沉于壶底。

🫖 未能引发红茶旋转的原因

用玻璃制的茶壶来观察，倒入热水后的茶叶，有的乘其水流漂舞上浮，有的立刻沉于壶底，相反也有浮起来不沉的，未能引发红茶旋转的情况也时有发生。这种时候，可以从以下几点来分析失败的原因。

1. 煮沸开水时，水量在400～500毫升，水量不足。

2. 热水的温度在70～80℃，温度偏低。茶叶浮起却无法引发红茶旋转，只能保持浮起的状态。

3. 使用再次滚沸的热水，导致出现无氧状态。

4. 使用打好放置过长时间（5～10小时）的水。

5. 直接使用瓶装水倒入。

6. 水壶的壶嘴太小，倒水的水势太弱。

红茶旋转失败的红茶，香味不足，有热水的味道，其水色也更淡。红茶旋转失败的红茶，如果丢掉太过可惜，这时可以打开茶壶的盖子，用汤匙轻轻地搅拌2~3次，再盖回盖子，放置4~5分钟就可以了。这样就能得到一壶浓郁的红茶，只是杂味比较重，涩味和水色都更浓。

这里最重要的，就是要明白引发了红茶旋转的红茶与未能引发时的区别。充分激发红茶的美味与半吊子的产物，其决定因素就在于煮沸开水这一件事上。

闷泡红茶时预热茶壶的原因

引发红茶旋转的热水的条件温度是95~98℃，这是水中氧气残留的极限温度，超过这个温度，氧气就会迅速消失。此外，这一温度最重要的是红茶的成分儿茶素和咖啡因只有在水温达到90℃以上才能析出。

因此，为了让红茶在茶壶中可以相对更久、更完全地析出，就要保持热水的温度，事先预热茶壶。如果茶壶太冷，倒入的热水仅一两分钟就会下降1~2℃。为了预防这一点，在冬天寒冷的时候，一定要事先进行预热，这样才能闷泡出一壶好茶。

另外，在使用闲置了一段时间的茶壶时，要冲洗掉其中的灰尘污垢。考虑这一点，预热茶壶将其冲洗干净也是正确的做法。

硬水和软水对红茶香味的改变

硬水和软水的区别，在于表示水的硬度的钙和镁的含量，多的是硬水，少的则称为软水。

硬水的情况下，碳酸钙的含量较多，它与红茶中的儿茶素混合，会使水色变浓变浑浊，使水色的透明度降低。味道中的涩味变弱，整体风味变淡，香气也会减弱。最为代表的是伦敦的水，用这个水来闷泡红茶，会得到近乎黑色的无透明感的深红水色，涩味则是毫无余韵、干脆利落的味道，香气也激发不出。虽说如此，也不能说不好喝，涩味淡就容易饮用，浓重的红色加入牛奶后，会变成奶油棕色那样美味的颜色。轻快简洁的香味作为伦敦的风味，有着很高的人气。

而软水则是与硬水相对，钙和镁含量较少。日本的水质硬度在30～60之间，是软水，闷泡出的红茶水色淡而薄，味道强烈，余韵悠长，香气很容易激发，这也是其优点。可是，香味浓郁对于红茶来说，则意味着涩味浓重，是其缺点。通常有涩味重难以饮用的评价。

仅从红茶析出的角度来考虑，使用软水，味道、香气和水色的透明度都更好。但是如果从是否宜于饮用来决定红茶美味与否，做出的判断就完全不同。

使用硬水和软水来闷泡红茶，会对风味产生严重的影响。因此，在了解情况的基础上，发挥茶叶的特性，稍作调整使其宜于饮用是很有必要的。过去闷泡红茶的水，通常是使用当地的饮用水，但现在世界各地的水都能够轻易获得，也就有了选择的可能。从这个角度说，了解水的特征就十分必要。

🫖 选择用水的要点

1. 类似印度的大吉岭红茶或阿萨姆红茶、斯里兰卡的乌瓦红茶等，在涩味很浓的情况下，选用依云矿泉水那样的硬水（水硬度为304毫克/升）闷泡，可以使其涩味变得柔和。此外，水色也会变得浓重，用来闷泡奶茶可以得到很深的色泽。

2. 涩味和香气都较弱的红茶或是个性较难激发的红茶，则可以选用富维克矿泉水（水硬度为60毫克/升）或是日本的自来水闷泡，更容易激发出味道和香气。

3. 使用净水机或瓶装水这样销售的偏碱性的碱离子水，会像硬水一样，使水色变得浓重，涩味变弱。但在香气方面，不会使之变弱，几乎和使用软水无甚改变。

茶壶的容量

茶壶只有一个，不管怎么看，也会有按人数算容量不够的时候，能一次性闷泡出足额的红茶吗？

除了特例，茶壶的尺寸基本都是2人用或3人用的大小。2人用的茶壶可以闷泡4～5杯，容量为600～700毫升。3人用的茶壶则可闷泡6～7杯，容量为1000～1100毫升。

虽然不能断言没有4～5人用的茶壶，但假设有5人用的茶壶，那就必须倒入将近2升的热水。再加上茶壶的自重，其重量将超过2.5千克，是女性无论如何也无法单手端起的重量。茶壶倒满水的全部重量在1.5千克以内，则是女性可以单手执壶倒茶的重量。

　　考虑到多数人共同饮茶的场合，如果使用3人用大小的茶壶，可以一次性闷泡出6~7杯的红茶。可是，如果人数还要多，需要一次性闷泡出8~10杯的红茶，那就可以按照下面介绍的方法来闷泡。

　　首先，在茶壶中按照略浓的浓度放入较多的茶叶闷泡红茶。如果是3人用的茶壶，那么通常放入的茶叶是人数加1匙，也就是4茶匙，但此时要多加1匙。

　　这样闷泡之后，将其均等地倒入8~10个茶杯中，约六分满。然后不足的部分用热水罐中的热水补齐，倒入杯中，以调整红茶的浓度。

　　这是在实在没有其他茶壶的情况下，不得已的做法，通常，人数在10人以上的时候，还要考虑更换第二杯，应该准备3~4个茶壶。

倒入茶杯的红茶变浑浊

　　红茶在倒入茶杯后经过一段时间，就能看到有白色的浑浊物。这是因为红茶中含有的儿茶素在温度下降的情况下结晶了，这一现象就被称作"奶油沉淀"。

　　生成白色浑浊的红茶，即使饮用也不会对身体有害。可是，通透红艳的水色是红茶的巨大魅力，饮用浑浊的红茶，总觉得不够美味。容易引发奶油沉淀的红茶，是因为茶叶中儿茶素的含量特别多。印度的大吉岭红茶或阿萨姆红茶、斯里兰卡的乌瓦红茶或努沃勒埃利耶红茶等涩味强劲的红茶，其儿茶素的含量都相对较多。

　　为了防止奶油沉淀的发生，可以使用涩味较弱的茶叶，在已经发生一次奶油沉淀的红茶中加入少量热水，结晶就会溶解，变回通透透明的水色。关于冰红茶的奶油沉淀，请参考 P.107 的内容。

袋泡茶闷泡方法的进化

从美国发明袋泡茶至今，已经经过了一个世纪。最初是将茶叶装在丝绸制的袋子里，后来是用纱布，被叫作茶球，将袋口用绳系住做成的。接下来是用纸，用尼龙制的不织布。近年来，三角形尼龙网状的袋泡茶则成为主流。而闷泡的方法在百年间几乎毫无变化，在马克杯中放入袋泡茶，从上面倒入热水，等待其析出。不过，自从三角形尼龙网状的袋泡茶出现，闷泡的手法就有了些许改变。

新的闷泡方法是先将热水倒入杯中，再将袋泡茶浸入热水中。

那么，先放还是后放，茶香会有多大的差别呢？先放入茶包，再从上方倒入热水是历来遵循的做法，袋泡茶会立刻浮到水面上部，茶叶中的成分难以析出。此外，将热水浇灌在袋泡茶上，会让茶渣从网眼钻出，在饮用时残留在舌尖，使口感变得粗糙苦涩。

另一方面，将袋泡茶浸入热水中，到前端下沉，茶叶吸收了水分就变得容易伸展开。再加上袋泡茶的上半部分空着的位置可以引发红茶旋转，可以使茶叶的析出度进一步提高。其结果就是香味更强，味道更柔和，成为一杯能够充分享受其风味的红茶。

即使不是尼龙网状的袋泡茶，为了提高红茶的析出效果，也应该采用先放热水再把袋泡茶浸入其中的方法。

奶茶

牛奶与红茶的关系

在中国和日本的茶文化之中，并没有流传过在茶中添加牛奶的饮用方法。那么，为什么在欧洲会风靡起在红茶中加入牛奶饮用的做法呢？

历史上流传的说法是，1665年，为了在印度进行买卖而设立的荷兰东印度公司的大使，在广东被中国皇帝召去参加晚宴，在那次晚宴中，端出来的茶水中放入了牛奶。此外，也有记录称，1680年，法国的扎瓦利埃尔夫人开始将牛奶加入茶中饮用。

可是，对于奶文化历史较长的欧洲人来说，在苦涩的茶中尝试加入牛奶，是极为自然的，很难想象是因为他人的推荐或是某人的决定开始的。

欧洲在茶叶传入以前，饮用的是应称其为代用茶的药草类饮品。将鼠尾草的叶子或是猫薄荷、百里香煎制，跟无法直接饮用的生水一起饮用，用药草来解毒。不过，这些绝不是宜于饮用的美味的饮品，需要加入蜜糖或是牛奶，使其更宜于入口饮用。

从东方传来的红茶，水色浓黑，涩味也很强，绝不是美味的饮品，但红茶是王公贵族的嗜好，是从他们所憧憬的东方传来的，其高昂的价格象征着富有。而且，红茶当时被称作具备功效的秘药，流行起来也很难买到。难以饮用，不好喝，可是为了装门面又想喝。这就需要将红茶变得口味柔和宜于饮用，为了解决这个问题，将每天用惯了的牛奶加入其中，是极为自然的想法。

使用生活中最常见的牛奶，一点儿违和感都没有。而且，因为当地水质的关系，红茶呈现出浓黑浑浊如同咖啡一般的水色。水色变得柔和的奶茶，是让红茶变得醇厚美味宜于饮用的自然方法。

什么样的茶叶适合做英式奶茶

英式奶茶可以直译为英国牛奶红茶，但实际上，却被称为奶茶，而并没有冠以"英国"。在英国，被称为"茶和奶（TEA WITH MILK）"，是"红茶加奶"的意思。

放入牛奶后，红茶的香味就一定会减弱，因此经常会使用个性较强的红茶。再加上在使用硬水的情况下，涩味和香气也都会减弱，因此，在加入牛奶的时候会考虑选用味道更浓郁的红茶。举例说明，可以选用世界三大红茶的大吉岭红茶、祁门红茶、乌瓦红茶。不过，其中大吉岭红茶的春摘茶因水色过淡，加入牛奶后水色会变成浅茶色，无法做出美味诱人的奶油棕色，因此，制作奶茶时多使用大吉岭红茶的夏摘茶和秋摘茶。水色适当且涩味也刚好适用的是阿萨姆红茶。特别是CTC茶，有着厚重的强烈涩味，浓重的红褐色水色在牛奶的调和下，能够呈现出平衡感极佳的奶茶。

此外，有很多英国茶商制作的奶茶，用于英式早餐、下午茶。这些都是由各家厂商将数种茶叶进行混合，即使用硬水闷泡，又或是加入牛奶，也都能很好地展现红茶风味的品牌。

另外，让人总有古典印象的香草茶和正山小种，在英国推荐作为红茶饮用，但在日本由于使用软水的缘故，涩味和香气都变得强烈，按照个人喜好加入牛奶，也会呈现柔和的香味，变得美味。

英国人所考究的可以加入红茶的牛奶是怎样的

　　无论什么样的红茶都可加入牛奶，所要考究的是能够加入红茶的牛奶是怎样的。在英国所使用的牛奶是极为普通的牛奶，但与我们通常所用的牛奶杀菌温度有很大的不同。在英国使用低温杀菌（63~65℃30分钟杀菌）为主流，除此之外，也会使用75℃15秒杀菌的高温短时杀菌的牛奶。而且，尽可能地使用非均质化（NON HOMOGENIZED）牛奶，即没有破坏脂肪球的不均质牛奶（参见下表）。

　　将这个牛奶放入冰箱，牛奶脂肪会跟被称作酪蛋白胶态离子的蛋白质一起浮到上部，形成奶油层。这一部分牛奶脂肪占18%~25%，被称作奶油线。

　　实际上这个奶油线的部分和牛奶一起倒入杯中，再倒入红茶，就能做出特别美味的奶茶。采用低温杀菌的热处理，蛋白质不会因热度而产生太大的变化，尚处于半生状态。然而进行超高温杀菌的牛奶（130℃2秒杀菌）在高温下完全进入无菌状态，蛋白质也烧焦了，会产生硫化氢的臭味。而且，均质化后，脂肪球被碎化成细小的均质微粒，会变成在口中产生黏稠厚重感的牛奶。

牛奶的叫法和热处理法

	普通牛奶		保存牛奶
热处理法	LTLT（低温杀菌）	HTST（低高温短时杀菌）	UHT（超高温杀菌）
温度	63~65℃	72~75℃	130℃
时间	30分钟	15秒	2秒
	多为脂肪球不进行均一化的非均质牛奶（NON HOMOGE-NIZED MILK）	多为在热处理的过程中，必须要对脂肪球做均一化处理的均质牛奶（HOMOGENIZED MILK）	

红茶在制茶完成时需要放入干燥机中，但最高温度在98℃，因此完全不会烧焦，在分离出香气的时候能散发出类似蔷薇、紫罗兰、铃兰、青菜、落叶等花或成熟水果的香气。因此，有着烧焦臭味的超高温杀菌牛奶是不适合加入红茶的。

此外，超高温杀菌牛奶虽然与低温杀菌牛奶同样含有牛奶脂肪，但由于蛋白质的热变形而变得浓重，在口中会有强烈的附着感，在食用了蛋糕、奶油、黄油、乳酪等脂肪含量较多的食物后饮用，就无法获得清爽的口感。在英国，饮用奶茶有种轻快自由的感觉，别说会觉得万事满足，光是这种清爽感就为饮食生活带来美味与幸福。

英国皇家化学协会对牛奶的考究

2003年6月24日，英国皇家化学协会向全世界进行了一篇题为《一杯完美红茶的闷泡方法（How to make a Perfect Cup of Tea）》的新闻发布，对长久以来关于奶茶的加奶方法的争论做出了决断。

发表这次研究的是拉夫堡大学的安德鲁·史蒂普利博士，对于倒入牛奶的方法，得出了"先放牛奶"的结论。博士发表的内容中共有10项，其中8项都明言，最重要的就是"先放牛奶"。

安德鲁·史蒂普利博士说，应该在放红茶之前，先往杯中倒入牛奶。这是因为，已经可以确定，导致牛奶味道变差的蛋白质变性是发生在75℃以上的时候。往牛奶中加入热的红茶，牛奶的温度是缓慢上升的，不容易引发蛋白质的热变性。

此外，英国人还讲究不加热牛奶。即使是寒冷冬日，也绝对不会加热牛奶。在牛奶锅中倒入牛奶加热，接触锅的那面牛奶就会因高温而发生热变性，产生热冲击的焦臭味。再加上热凝固的蛋白质变得浓稠厚重，不够清爽。而即使加入牛奶也能保持清爽的口感，才正是红茶美味的关键所在。

奶茶的闷泡方法

红茶成分中的儿茶素、咖啡因，要在90℃以上的热水中才能被析出，室温过低的情况下或是茶杯太凉的时候，要提前预热放置。

先在茶杯中倒入牛奶时，牛奶从冰箱中取出，即使放置一会儿也才只有5~6℃。将这样的20~30毫升牛奶倒入杯中，即使再倒入热茶，也会因为牛奶过低的温度而变得温热。因此，预先在杯中倒入热水温热放置，能够防止温度下降，喝到热的红茶。

此外，还有一点十分重要，请一定注意，要将红茶倒入杯中九分满为止，热茶倒得越多，其温度也就越高。

可是，倒至九分满后，端起杯子饮用的时候就有洒出来的危险。因此饮用时要端起茶杯和茶碟，这样即使红茶泼洒出来，也有茶碟接着，而红茶的饮用方式就这样流传下来。

这样饮用红茶的方式作为礼仪为世人所知，但在家中享用红茶的时候，最重要的是让小朋友和大人都能喝到温热美味的红茶，此时就不必恪守一定要端起茶杯和茶碟来饮用的礼仪，开心享受就好。

根据味觉传感器来比较奶茶

在对人体的感觉测试中，针对低温杀菌牛奶（LTLT）和超高温杀菌牛奶（UHT）以及先放牛奶和后放牛奶的差异，进行了多次反复的验证，然而由于个人的先入为主以及身体情况等条件的不同，要做出明确判断是非常困难的。那么，从味觉认知装置（味觉传感器）来看，风味的差异有多大呢？下面就向大家介绍日本高梨乳业研究所进行的调查结果。

下页的图表①是将低温杀菌牛奶和超高温杀菌牛奶放入红茶后，味觉传感器所表示的结果。纵轴的下部表示红茶茶味更浓，向上则表示奶味更浓。而横轴的左侧表示清爽感，向右则表示更加浓厚的醇厚感。低温杀菌牛奶与超高温杀菌牛奶相比，更能激发出红茶的风味，而且入口的口感更加清爽，表示出了清爽感。

使用超高温杀菌牛奶会令红茶的茶味有所遗失，变得奶味更浓，饮用后会让醇厚的牛奶风味残留在口中。

下页的图表②则是对先放牛奶和后放牛奶进行的比较，在杯子里先放牛奶，之后再倒入红茶，茶味就会比较重，能激发出香气，做出口味清爽的奶茶。而后放牛奶，茶味与先放的几乎相同，但牛奶较浓厚，会让整杯奶茶变得更醇厚，不够清爽。

这个先放还是后放的问题，只在放低温杀菌牛奶的情况下讨论，如果采用

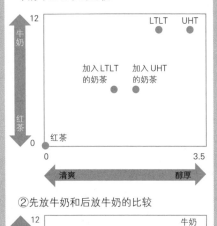

奶茶的比较
味觉传感器口味图

① 低温杀菌牛奶（LTLT）和超高温杀菌牛奶（UHT）的比较

②先放牛奶和后放牛奶的比较

高温杀菌牛奶，那么两方并不会有太大的差异。

也就是说，只有使用低温杀菌牛奶，且先放牛奶后放红茶，才能清晰地感觉出红茶的香味和清爽的口感，做成一杯美味的奶茶。

这是它在与食物搭配时，能够让油脂变得清爽，让人们充分体会食物美味的主要原因。

印度拉茶

印度拉茶

印度拉茶也被叫作印第安奶茶，与英国的奶茶不同，作为印度菜餐馆提供的红茶而广为流传。在印度，几乎全体国民每天都要饮用数次，用于制作印度拉茶的红茶——F型或CTC茶消费量在世界范围内是最多的。

虽然南北印度都叫作拉茶，但做法却不同。北印度是在锅中倒入水和红茶，然后放入生姜、小豆蔻、黑胡椒等香辛料，强火煮沸，令其析出，再加入大量的砂糖和牛奶一起煮。

印度拉茶不论是在道边小小的空地，还是屋顶，随便什么地方都可以简单饮用，倒在一种用红色黏土制作的小小的杯子中饮用。

南印度则是在一个布制的滤茶网中放入茶叶，将热水从上浇下，析出红茶。将析出的红茶倒入有把手的马克杯中，再加入砂糖、香辛料、煮沸的牛奶，用汤匙搅拌后，将其倒入另一个马克杯中，如此反复交替。在倾倒的时候要把距离拉高，从高处倒下。这样交替多次后，将起了泡泡的奶茶倒入玻璃杯或套陶土杯中饮用。

不论哪种，都非常甜，香辛料浓重的风味有助于恢复体力，有点儿像花式红茶的感觉，很有趣味。

可以用于制作拉茶的香辛料在下页有详细介绍，除此之外还有混合的香辛料、药草、柑橘类的皮等，各种各样的东西都可以加入其中。

可以用于制作印度拉茶的牛奶

印度拉茶给人以浓郁甘甜的感觉，容易让人觉得是只用牛奶和红茶煮出来的，但实际上，为了让茶叶能够更好地析出，还是需要加水来制作的。

因为用于制作拉茶的牛奶是未经杀菌的生牛奶，所以无法直接饮用。即使将茶叶倒入牛奶中，也会因为牛奶脂肪吸水分而导致红茶难以析出。因此，首先要在锅中放入少量的水，等茶叶伸展开再放入牛奶。

因为采用的牛奶是生牛奶，所以清爽感很强，正是因为这样轻快甘爽的口感，其牛奶所占比重可达 60% ~ 70%。一眼看去会因为牛奶太多而产生其中只放了牛奶的错觉。

偶尔也会使用市场上销售的超高温杀菌牛奶或低温杀菌牛奶来制作拉茶。首先用少量水让红茶先析出，接着倒入牛奶激发出红茶的香味。在水和牛奶的比例上，因为市场上销售的牛奶比生牛奶要浓厚，所以要多放些水，大概达到水四奶六的比重。

可以用于制作印度拉茶的香料

肉桂

会让红茶的风味变得甘甜。有时候会将其加入涩味强劲的印度阿萨姆红茶中，可以缓和其涩味，令其宜于饮用。

生姜

在印度，经常会使用生姜。一次大概会将 1 ~ 2 厘米的生姜捣碎，放到拉茶中一起煮至变成甘甜的味道，十分清爽。

小豆蔻

清爽而有着刺激性香味，能让人感受到热带国家的风味。同时可以预防中暑，增进食欲。

黑胡椒

拉茶中意外地加入了黑胡椒。南印度是黑胡椒的产地，因此经常会用于拉茶的制作。清爽的辣味在甜美的拉茶中极为突出，非常美味。

丁香

会做出稍微有点烟熏的味道。有点苦味，跟牛奶很配。

肉豆蔻

香气浓郁，可以给人以充分的刺激，可以充分激发出拉茶的香气。

冰红茶

冰红茶中产生白浊是什么原因

很多人都有这样的经验，倒入冰块的冰红茶中，会凝结出白色的浑浊物。这被称作"奶油沉淀"，是由于红茶中含有的儿茶素在温度下降的情况下结晶，变成了白浊的状态。

使用儿茶素含量较大的茶叶——大吉岭红茶、阿萨姆红茶、乌瓦红茶、努沃勒埃利耶红茶等，也可使用除此之外的茶叶萃取出特别浓的红茶来制作冰红茶的时候，就容易出现这种现象。

在玻璃杯中放入冰块，从上面浇灌下热的红茶，其下部的红茶冷却，越往上却越温吞。这个时候的温度变化，就会使儿茶素结晶。不过，如果在已经产生白浊的冰红茶中倒入热水，水色就会再度变得通透，这是结晶在热水中溶解的缘故。

在类似"加冰威士忌"的做法中，在玻璃杯中放入冰块，把萃取出的浓郁红茶从上方倒入，就容易产生奶油沉淀的现象。为了避免这种情况，可以选用儿茶素含量较少的康提红茶、印度尼西亚红茶、肯尼亚红茶等涩味较少的红茶，茶叶量也稍微少放一点，让其慢慢析出。

不会产生奶油沉淀的冰红茶的做法

　　想要制作的冰红茶不产生奶油沉淀，就要注意两个要点：一是茶叶的选择；二是冰红茶的制作技巧。在类似"冰镇威士忌"的做法中，热的红茶受到温度变化，就容易产生奶油沉淀，因此，要一口气令其迅速冷却。首先，将热的红茶先一次性倒入其他容器中，然后再令其快速通过冰块迅速制冷，这样就不会让温度发生缓慢变化。将冰红茶先转移到其他容器后再进行冰镇的方法，被称作"二次萃取法"。

　　"二次萃取法"还有其他的优点，类似"冰镇威士忌"的做法要考虑到冰块使红茶稀释的情况，通常倒入的红茶会萃取加倍浓度，而这会让儿茶素含量增多，从而导致奶油沉淀更易发生。采用"二次萃取法"会使用较少的茶叶，加长闷泡的时间，以达到更浓郁的质感。

二次萃取法

　　① 在茶壶中放入茶叶，大概是茶匙的一平匙（约2克）×人数的分量。

　　② 往水壶中倒入一茶杯（140毫升）×人数分量的水煮沸，将95～98℃的热水猛地浇灌下来，引发红茶旋转，然后等待10～15分钟，让其充分闷泡析出。

　　③ 将闷泡好的红茶茶汤倒入大瓶口的容器内，静待时间，令其冷却至70～80℃。如果不采用大瓶口的容器，稍后就不能一口气将其倒入冰块中。

　　④ 在另一个容器中准备七分满的冰块。

　　⑤ 将③中的红茶一口气倒入放有冰块的容器中，搅拌1～2回。

　　⑥ 过滤掉冰块，将冰红茶转移到保存容器中。

　　之所以使用这种方法不容易引发奶油沉淀，是因为这种方法使用的茶叶量较少。将少量的茶叶经过长时间的闷泡，可以让咖啡因和儿茶素结合紧密，性质稳定。从大瓶口的容器将茶汤一口气倒入冰块中，就不容易使儿茶素结晶。

　　用"二次萃取法"获得的冰红茶，倒入玻璃制的保存容器中，常温保存。如果要放入冰箱，就需要先在室温中充分冷却，避免容器中再产生温度变化，从而令儿茶素结晶。

　　如果不放入糖浆或砂糖，可以在常温中保存14～15个小时不发生变质。

挑战不适用于冰红茶的茶叶

如果只考虑奶油沉淀，涩味较强的大吉岭红茶、阿萨姆红茶、乌瓦红茶、努沃勒埃利耶红茶等都不适用于制作冰红茶，正因为它们是个性强烈的红茶，所以在放入牛奶稀释后，依然可以展现茶叶的特征，享受茶叶的美味。

有一种方法可以尝试用这些茶叶来制作冰红茶，那就是不用热水萃取，而改用冷水经过长时间的萃取。当然，在冷水中，咖啡因和儿茶素都不能析出，但相对的涩味也会减少，优点是变得更宜于饮用。

制作方法非常简单，准备1升冷水，相对的茶叶要比较多，放入10克左右（适量），将其放入冰箱静置3~5小时。滤出茶叶，将茶汤转移到保存容器中。

还有一种做法，是利用茶叶的强烈个性，将尽可能少的酌情增减的茶叶，放在茶壶中闷泡10分钟，然后将其用二次萃取法快速冷却，会得到非常淡的冰红茶。但由于茶叶的个性较强，香气和涩味都会充分存留，依旧能够得到一杯让人心情愉快的清爽的冰红茶。

通过酌情增减茶叶和调整闷泡时间，不论是什么茶叶都可以做出冰红茶。

适用于冰红茶的砂糖糖浆

无论是冰红茶还是冰咖啡中都广泛使用的砂糖糖浆，被称为"树胶糖浆"。而真正的树胶糖浆是在砂糖糖浆中加入作为乳化剂的阿拉伯树胶，在制作鸡尾酒的时候，作为甜味剂来使用的。可是，现在几乎都使用砂糖糖浆，树胶糖浆很少见了。砂糖糖浆因为市场上就有销售，用来自己动手DIY的时候也更简单易操作，即使较高的常温下也能够保存。做法如下：

① 在搅拌器中放入500克精制白砂糖，倒入360毫升矿泉水，搅拌4 ~ 5分钟。

② 停止搅拌器，将白浊状的糖浆静置30 ~ 40分钟。

③ 待糖浆透明后，倒入杀菌后的容器中保存。做好后的糖浆是720毫升。

第四章

花式红茶

红茶带来的新风味

　　为了看清红茶的本质，最好的方法是像茶杯测试那样，浓浓地闷泡一杯，来评价其强烈的香味吧。可是，日常与甜品或饮食一起享用的红茶，绝不是鉴定用的红茶，要更加稀释，更加富于变化，制作出气味俱佳的饮品来饮用。

　　其中最具代表的就是英国的奶茶、从美国流行起来的柠檬红茶、冰红茶等。这是红茶自身味道的基础上添加别的材料所获得的，可以说是"另类"的红茶。

　　然而现在，在红茶中加入新鲜水果、果汁、香料、药草、牛奶、酒精等各种各样身边有的材料，混合制作出的新风味正在全球风行。

　　所谓的花式红茶，有很高的现场表演效果，红茶作为材料之一，有多种不同的使用目的，可以制作出全新的样式。

　　新样式中有很多一经出现就消失了。可是，如果能历经多年仍被人们所喜爱，那恐怕就不再是"另类"，而要变成"传统"了。传统是被人们制作保留下来的，并不是被规定出来的。红茶与饮食一起进化，把它当作红茶的未来来期待也未尝不是一件好事。

水果茶

传统的柠檬红茶

关于柠檬红茶的起源众说纷纭，有的说源于中国，有的说源于印度的阿萨姆地区，有的说源于俄国。还有一种通俗的说法——19世纪后半叶，美国的柠檬栽培盛行，柠檬水广受欢迎。有人将其加入红茶中，做成"红茶柠檬水"推广开来。

构成红茶味道、香气、水色的是儿茶素类，它们在发酵过程中氧化，产生的茶叶黄素（橙红色）和茶红素（褐色），使茶汤呈现出红茶的色泽。如果在里面放入柠檬，柠檬成分中的柠檬酸会破坏这些色素，使其脱色，从红色变成淡橙色。

就味道来说，红茶是以涩味为中心的，其中茶多酚是增强涩味的。柠檬皮中析出的柠檬油则有着强烈的苦味，它的加入会使令人不快的苦涩味道加剧。

特别是在热红茶的情况下，杯中会析出这种柠檬油。如果还使用了涩味强劲的大吉岭红茶、阿萨姆红茶、乌瓦红茶、努沃勒埃利耶红茶，那么水色就会变淡，变为橙色，而强烈的苦涩会让红茶的风味尽失。

不过，美国所饮用的并不是这么苦涩的"红茶柠檬水"，用硬水来闷泡的红茶，水色浓郁，涩味却很淡，很宜于入口饮用。这其中即使增加了柠檬油的苦味，也并不是那么苦涩，同时还会增添清爽的口感，使红茶变得更加美味好喝。

问题在于使用日本这样的软水闷泡的时候，水色会变淡，红茶的涩味和香气也会加强，再加入柠檬油的苦味，就会产生强烈的苦涩感，令人感到不快。

🫖 美味柠檬红茶的制作方法

柠檬清爽的风味与红茶的香气可谓天作之合。接下来，将向大家介绍像过去美国的"红茶柠檬水"那样——涩味变少、有着浓郁柠檬风味的柠檬红茶的做法。

要点是不要将柠檬皮放入红茶的茶汤中。放入茶杯中的柠檬的柠檬酸，会使红茶的颜色从红色变为橙色。但比起橙子皮，柠檬油和儿茶素的混合，几乎不会产生令人不快的苦涩味，可以享用一杯美味的柠檬红茶。

还有一种方法

① 将柠檬切成半月形。

② 将红茶倒入茶杯中，把切成半月形的柠檬皮朝下，用手指将果汁挤到杯中。

③ 一边挤榨果汁，一边将皮中喷溅出的柠檬油洒在杯子周围。

美味柠檬红茶的制作方法

使用橙子皮代替柠檬放入其中，可以抑制苦味，做出具有柑橘系香气的"红茶柠檬水"。

材料（1人份）

柠檬片：1片

橙子皮：1～2片

红茶：康提红茶、肯尼亚红茶等

做法

① 准备1片柠檬片，将会产生涩味的根源——柠檬皮的部分切掉。

② 在茶壶中放入涩味较少的茶（斯里兰卡的康提红茶、肯尼亚红茶等），量比通常的略少，用茶匙按人数加1匙的分量放入。

③ 在茶壶中放入1～2片橙子皮，轻轻挤压之后放入。

④ 倒入热水闷泡3～4分钟。

⑤ 把去了皮的柠檬片放入杯中。

⑥ 倒入已经闷泡好的红茶。

柠檬红茶的制作方法（一）

1

去掉柠檬外皮。

2

把橙子皮和茶叶放入壶中。

3

倒入热水闷泡。

4

把柠檬放入杯中，将红茶从柠檬上
方倒入杯中。

柠檬红茶的制作方法（二）

1

将柠檬切成半月形。

2

将柠檬皮朝下，把果汁挤压入
杯中。

新鲜水果茶的制作方法

　　将新鲜水果的果肉或果皮放入茶壶，和红茶一起析出的，就是新鲜水果茶。最具代表性的，就是众所周知的柠檬红茶。只是，在柠檬红茶中，与只把切片柠檬放在杯子里相比，还是把柠檬放入茶壶中，更能让红茶与水果的风味混为一体，做出具有水果风味的红茶。而杯中也要放入事先切好的水果，这样无论是视觉效果还是香气都能表现得更出色。

　　首先，在茶杯中放入几片所需水果的切片，将它们放在桌子上。这么做，可以让大家了解，接下来要饮用的是哪种水果茶。此外，茶杯中放入的水果香气在红茶倒入前就萦绕其间，视觉画面也好，香气也好，都能留下深刻的印象。

在茶壶中做出水果的香味

　　水果根据种类，果皮部分会析出涩液，产生涩味和苦味的物质；此外，如果果肉的酸味过强，会让红茶的味道过酸，水色也会变得稀薄暗淡。因此，对于加入茶壶中的水果的个性需要有充分的了解。

　　例如，柑橘类的果肉即使放在茶壶中闷泡，由于酸味太过强烈，水色还是会因为柠檬酸而变得浅淡。而香蕉这样的水果，如果把皮放入壶中，则会析出强烈的涩汁，使茶汤变得苦涩。上述所举的不过寥寥数例，更多的则需要根据各种水果的自身特性在使用时加以注意。

　　放入茶壶中的水果，绝不能太甜或是有强烈味道，说到底是要将水果的香气作为一种风味添加在红茶中。如果过多，不论是苦味还是涩汁析出的涩味，都会有损红茶原本的风味。

在红茶产生味道和香气的同时，隐约增加一点水果的香气，只一点点，尝试增加一点风味的程度就刚刚好。根据所选水果的不同，可以加入固体的果肉，也可以加入稍微碾碎一点的果肉释放香气，用叉子或勺子都可以轻易将其碾碎，放入壶中。

可用于制作水果茶的茶叶种类

为了能够彰显出新鲜水果的香气，就要尽量回避使用个性强烈的红茶，因为这样的红茶香气浓郁味道强劲，特别是涩味过于浓重，会使得水果的香气无法被激发出来。

无论是什么水果都可以搭配在一起，融合性很好的红茶推荐以下几款——斯里兰卡的康提红茶、汀布拉红茶，印度的尼尔吉里红茶，印度尼西亚的红茶，肯尼亚的CTC茶等。

为了能够展现水果的风味，通常所用的茶叶量与闷泡红茶的时候相比，要酌情减少一点。红茶的感觉稀薄一点，水果的风味就会更添一些，因此也会有香草茶的感觉。

要使用什么样的水果

在制作水果茶的时候，基本上只要是香气好的水果，无论有什么都可以拿来制作。

柑橘类的橙子、葡萄柚、夏橘、早生橘、酸橙等，其他的水果还有苹果、草莓、香蕉、菠萝、蜜瓜、桃子、梅子、巨峰葡萄、麝香葡萄等。

在这些水果中，有的使用果肉，有的只使用果皮，有的要同时放入果肉和果皮。此外，还有的需要稍微碾碎一点才能更好地散发香气，各种不同的水果其使用方法也不尽相同。

在选择水果时，与果糖含量较高、吃起来较甜的水果相比，选择香气更浓郁的水果是要点所在。此外，在果肉过于成熟的情况下，香气会更加浓烈，但放入茶壶后可能会使茶汤的水色变得浑浊，所以提前确认状态也十分必要。

将水果放入杯中的展示

水果会从果皮和果肉里流出涩汁，产生苦味，还会因为接触空气而导致氧化变色，例如香蕉、苹果、桃子、菠萝、巨峰葡萄、麝香葡萄等。将这些水果切好，放入茶杯中的时候，用茶匙浇上半茶匙左右（2~3毫升）的黑葡萄酒，可以防止水果在倒入红茶前干燥。

另外，放入黑葡萄酒可以抑制涩液的析出，扩大茶杯中飘出的水果香气，在饮用前让水果茶的香气展示更添华彩。

在茶壶中闷泡的水果种类及使用方法

	只使用果肉	只使用果皮	使用果肉和果皮	碾碎后放入
橙子		○		○
葡萄柚		○		
夏橘		○		
早生橘		○		○
苹果			○	
香蕉	○			
菠萝	○			
草莓			○	○
蜜瓜	○			
桃子			○	
梅子			○	
巨峰葡萄			○	
麝香葡萄			○	

使用的葡萄酒也可以采用白葡萄酒，但白葡萄酒看起来像是茶杯中残留的水，比较而言，还是微微呈现一点粉色的黑葡萄酒的展示效果更佳。红葡萄酒酸味太强，会有损红茶的风味，因此选择甜味的黑葡萄酒或是在黑葡萄酒中加入少量砂糖来使用会比较好。

新鲜苹果茶的制作方法

　　苹果茶的制作方法同其他草莓、香蕉、蜜瓜、菠萝、巨峰葡萄、麝香葡萄等水果茶的制作方法几乎完全相同，希望能给大家提供一个参考。

材料（1 人份）

苹果片：切成银杏叶状 4 ~ 5 片

黑葡萄酒：适量

红茶：康提红茶

做法

① 将苹果切成银杏叶状，4 ~ 5 片备用。苹果选用香气较好的苹果。

② 在茶杯中放入两片切成银杏叶状的苹果，在上面洒上一点黑葡萄酒。

③ 在茶壶中，用茶匙放入较少的 2 匙（约 4 克）康提红茶，把剩下的苹果切片也一起放入。

④ 将刚刚滚沸的热水倒入茶壶，闷泡 3 ~ 4 分钟。

⑤ 把红茶倒入茶杯。

1

将苹果切成银杏叶状，4 ~ 5 片备用。

2

黑葡萄酒

在茶杯中放入苹果，在上面洒上黑葡萄酒。

3

在茶壶中放入苹果和茶叶。

4

在茶壶中倒入热水。

5

把红茶倒入茶杯。

新鲜草莓茶的制作方法

有着浓烈的甜美香气的草莓，即使在水果茶中也有极高的人气。

材料（1 人份）

草莓：1 个

黑葡萄酒：2 ～ 3 毫升

红茶：康提红茶

做法

① 将 1 个草莓横向切成圆片。

② 将下部（前面尖端的部分）的 1/2 稍微碾碎后放入壶中。

③ 用茶匙放入较少的 2 匙康提红茶，倒入热水（350 毫升）。

④ 将草莓上部剩余的部分切成薄片，保留着绿色的草莓蒂，将其放入杯中。

⑤ 在杯中的草莓上滴上黑葡萄酒。

⑥ 倒入煮好的红茶。

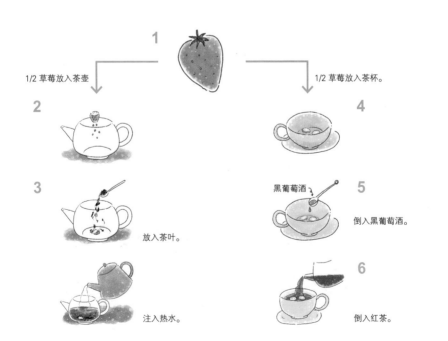

1

1/2 草莓放入茶壶

1/2 草莓放入茶杯。

2

4

3

放入茶叶。

黑葡萄酒

5

倒入黑葡萄酒。

注入热水。

6

倒入红茶。

流传在喜马拉雅的科尔巴茶

介绍了在放入茶杯中的水果上添加少量黑葡萄酒的配方，在喜马拉雅流传着的科尔巴茶，则是在野葡萄上倒入少量红葡萄酒后饮用的红茶。

所谓的科尔巴，是指为欧洲登山家们将行李从印度运送到喜马拉雅的人，他们做着翻越海拔3000米、4500米的高山搬运货物的生意。

他们在登山途中休息的时候，为了恢复疲惫的身体、补充能量，会冲泡热的红茶饮用。将附近生长的野葡萄掐碎，把榨出的果汁、砂糖和红酒放入茶水中。

不难想象，这种强劲的酸味，绝不是红茶原本的美味，但野葡萄可以摄取维生素C，红酒中的酒精可以让冰冷的身体暖和起来，砂糖的甜味是能量的来源。这样的红茶并不是只追求美味，而是用来慰劳身体的饮品。

制作方法（1人份／350毫升）：

① 将1个巨峰或者麝香葡萄分成两半，将要放入杯中的部分再切成薄片。

② 将1/2的巨峰葡萄碾碎放入壶中。

③ 用茶匙放入较少的2匙茶叶，倒入热水闷泡。

④ 在杯中放入切成薄片的巨峰葡萄，加入一小匙精砂糖。

⑤ 从上面倒入黑葡萄酒。

⑥ 把泡好的红茶倒入茶杯。

用于表演的精制砂糖的作用

有的配方会在放入茶杯的水果中，从上至下倒入一小匙精制砂糖，比如使用巨峰或麝香葡萄的科尔巴茶，也会用在使用柠檬或酸橙、草莓或苹果、桃子、梅子的时候，用于提升表演效果。

此外，除水果茶之外，也会用于药草茶、香料茶中。除了精制砂糖之外，使用粗糖的白兰地茶、利口酒和烈酒茶也不少。

使用它们的目的在于从视觉上提高演出效果、中和红茶的涩味、抑制水果或药草涩汁的苦味等。

一般来说，只是闷泡红茶是没有高附加值的。因此，准备好成套的茶杯，让接下来饮用的水果茶呈现出美味的感觉是十分重要的。在巨峰葡萄、麝香葡萄、柠檬、草莓等水果上撒上白色的精制砂糖，再点上黑葡萄酒的粉色液体，确实是会让人觉得手工精巧的冲泡方式。另外，也确实会让人觉得美丽。

将壶中的红茶端到茶桌上的间隙，饮茶的人在茶杯前等待，看着茶杯中的变化，怎能不让人的期待增加？不同的水果，有的酸味强劲，有的会析出涩汁，精制砂糖能够让这些涩味和苦味变得柔和。砂糖的用量不会影响甜度，而会达到视觉演出和隐藏苦涩的效果。

饮用水果茶的时候需要注意

放入茶杯中的水果，能够达到视觉演出的效果，起到增香的作用。作为基调的味道和香气，是和红茶一起在茶壶中冲泡出的，但为了得到进一步的效果，会加入茶杯中展现。与柠檬红茶不同，香蕉、草莓、苹果、桃子等会让人想要进一步食用，然而倒入红茶后，水果会被儿茶酚染色导致变色，容易产生涩味和苦味。此外，会因为变得温热而不再美味。在饮用红茶的时候，为了不妨碍饮用，可以像柠檬红茶一样，将其放入茶托后再饮用。

香料和红茶

扎根于生活习惯中的香料红茶

不论是食物还是饮料，都会随着其国家和地域的不同而不断进化。在生活习惯中被人们想方设法改良得更加美味和健康，每个地域都孕育出拥有自己传统的风味。

原本在中国诞生的茶叶，是将析出的茶汤直接用于饮用的，但它传入欧洲后，红茶却被加入了药材、牛奶；而在印度、斯里兰卡，则是加入了牛奶、香料；在俄罗斯，加入的则是果酱和伏特加。就这样，在不同国家，红茶都被加入了当地的物产一同饮用，造就出独特的风味和文化。

充分利用这个国家、这片土地上的固有产物，是极其自然的。

印度、斯里兰卡是香料之国，同时也是栽培红茶的国家。红茶和香料自然而然地结合在一起产生了美味且健康的配方。

推荐用于红茶的香料

接下来，向大家介绍一下印度的拉茶、斯里兰卡的香料园经常使用的香料，以及其他经常用于红茶的香料。

肉桂、小豆蔻、生姜、丁香、肉豆蔻、黑胡椒、坚果类（花生、腰果、杏仁），这些香料中的3~4种混合后就被称为三味香辛料。

在熟知各种香辛料特征的情况下，使其匹配红茶的个性，自如运用十分重要。肉桂能够缓解红茶的涩味和苦味，能品出微微的甜味。小豆蔻、肉豆蔻口味清爽，能够制作出爽口的口感。能够感受到香气的是丁香和坚果类。

不单单是香味，关于其功效的知识也要掌握，它能让人在品尝美味的同时，在款待客人时，拥有更多的话题。

香料红茶的制作方法和注意事项

香料有粉末状的、孔状的（保持颗粒或原形状），将粉末状的香料放入茶壶，和茶叶一起闷泡是最简单的方法。但这样做的时候，粉末的颗粒会进入口腔，对饮茶的口感产生违和感，因此需要特别注意使用量。

效果更佳的是使用孔状的香料，它能够恢复鲜度，即使量少也能产生强劲的香味。使用方法是将香料碾碎，将其放入茶壶。

下面以使用小豆蔻的红茶为例，介绍一下。

① 取用小豆蔻的颗粒，将2～3粒碾碎。

② 用茶匙将较少的2匙茶叶（康提红茶）放入壶中，把碾碎的小豆蔻也放入壶中。

③ 倒入热水（350毫升）闷泡3～4分钟。

如果使用香料粉末，尽量避免放入太多，一点点地加到壶中，和茶叶一起充分地闷泡。与后放入相比，先放入的风味更能融合。

混合香料的马萨拉茶的制作方法

将几种香料混合而成，就被称为马萨拉。在红茶中放入香料的时候，会产生各种各样的香料特性，虽然也可以使用单一香料，但其中有苦的、涩的、具有刺激性的（丁香、小豆蔻、肉豆蔻等），与单品使用相比，多种香料混合在一起，更容易产生相辅相成的效果，其风味也更柔和，容易让人感到美味。将这种效果最大限度加以利用的，就是咖喱。

香料红茶的材料和基本制作方法

小豆蔻　　　　丁香　　　　　肉豆蔻

肉桂　　　　　生姜

1. 碾碎香料。

2. 把香料放入红茶中。

香料　　　　红茶

3. 倒入热水。

用于制作香料红茶的茶叶种类

想要令香料红茶中香料的风味更强，就要选择个性较弱的茶叶。如果是在味道香气强烈、涩味浓重的茶叶中加入香料，就变成个性强烈的两方相互碰撞，其结果，有可能是形成极为贴合的极致美味，又或者完全相反变得难以下咽。

不过，因为每个人对味道的主观印象不同，所以放入香料的计量也要因人而异做出调整，这也是十分重要的。

与红茶相合的香料

红茶	肉桂	小豆蔻	生姜	丁香	肉豆蔻	马萨拉
乌瓦红茶	○					○
努沃勒埃利耶红茶	○	○	○			
卢哈纳红茶				○		
康提红茶 肯尼亚红茶 尼尔吉里红茶 个性较弱的茶叶	○	○	○	○	○	○
大吉岭红茶		○	○			
阿萨姆红茶	○		○	○		○
祁门红茶	○			○		
伯爵格雷红茶	○	○	○			
正山小种	○			○		○

上表列出了代表性的茶叶以及它们与香料是否相合。可是，即使不相合，通过改变红茶的析出方式或是调整使用香料的计量，也都可能得到风味柔和的香料红茶。

让新鲜水果与香料相融合

在富于苦味、涩味、刺激性辣味的香料红茶中，稍微加一点新鲜水果的果肉或果皮一同析出，就会与水果的香气相混合，原本辛口的香料红茶的风味变得新鲜温和，无比美味。

1. 小豆蔻＋橙子、葡萄柚、夏橘、菠萝、酸橙、苹果。

2. 生姜＋柠檬、橙子、葡萄柚、夏橘、酸橙、苹果、菠萝。

3. 肉豆蔻＋橙子、柠檬、夏橘。

4. 丁香＋橙子、夏橘。

几乎可与大部分香料通用的是柑橘类水果。果皮的部分稍微碾碎一下，放2~3片刚好。需要注意的是，将水果放入红茶中，是作为香料的隐含风味，因此不要放得太多。如果水果的风味太强，就无法成为香料红茶了。

香料红茶的展示方法

即使将香料的颗粒或皮放在茶杯里，倒入红茶使其漂浮起来，也很难在视觉上演绎出美感和香气缭绕的感觉。

可是，里面也有像肉桂这样的棒状物，可以贴在汤匙上，用来搅拌。

为了让大家了解即将饮用的香料红茶的真正风味，要把小豆蔻、丁香这样加入其中的香料放在碟子或茶碟中让饮用者看到，可以增强展示效果。

不食用茶点，只是享受饮料的时候，红茶要如何展现自己的魅力呢？我觉得不仅仅是味道、香气、水色，视觉上的感受也非常重要。

药草和红茶

红茶和药草混合能够提升机能性

远在茶叶传到欧洲之前，药草就作为茶叶成为人们的饮品。药草是以植物的叶、花、茎为主的，分为新鲜药草和干燥后使用的干药草两种。17世纪后半叶，茶叶从中国传入欧洲，将其栽培成功后加工得到的茶叶才是真正的茶叶，而仅仅是将植物干燥后得到的药草，则被称为代用茶。

药草跟茶叶作为截然不同的两种东西是分开使用的。但近年来，由于二者都具有香气以及功能作用，开始有人将其优点结合，做出能够提高机能性的花式红茶，因此备受瞩目。

原本，红茶就具有以蔷薇、紫罗兰、铃兰为代表的花香、果香、菜香以及绿叶、枯叶等广泛的香气，具有与药草类香气接近的要素。红茶如果放的时间久了，个性就会减弱，香气变得稀薄，加入药草可以弥补其香味，让红茶喝起来更加美味。另外，药草所特有的温和柔软的口感，能够缓和红茶浓烈的滋味。

从药草的角度来说，药效越高，香味也就越强，越难以饮用。这种情况下，可以利用红茶作为依赖性饮品（嗜好品）宜于饮用的特点，让药草变得容易饮用。

干药草和新鲜药草

在红茶中加入药草的情况下，基本上会推荐使用干燥后的干药草。新鲜药草具有季节性特征，香气丰富，感觉也太过强烈，类似薄荷、柠檬薄荷、薄荷草、洋甘菊这样的药草，在热水中析出的时候会产生涩液，不是原本的香气，而是生出一股生涩的臭味。此外，也会有苦涩的味道产生，影响红茶的美味。

关于这一点，如果使用干药草，就几乎完全不用担心涩液的问题。根据药草新鲜度的不同，香气也有优劣之分，但这一点可以通过使用量的酌情增减进行调节，不会影响到最终的效果。

适合搭配红茶的药草

在几百种药草中，几乎大多数的药草都可以跟红茶一起闷泡析出，享用美味。在这里就介绍几味代表性的药草。

● 薄荷类

薄荷、留兰香、胡椒薄荷、苹果薄荷、香橙薄荷、菠萝薄荷……薄荷的种类非常多。从很久以前开始就在菜肴或饮料中广泛应用，认知度也非常高，既能够给人以畅快的清凉感，又能给人以凉爽的感觉。

● 柠檬草

禾本科多年生草本植物，在做汤、鱼料理、咖喱等食物时会经常使用到。其特色是有着与柠檬相似的清香。

● 柠檬薄荷

原产地从地中海沿岸到中亚地区，在法国作为药草红茶的代表被人们所喜爱。其香味与柠檬草相似，是接近柠檬的清爽味道。

● 猫薄荷

薄荷的伙伴，没有薄荷那么清凉，只有一点点的凉爽感。

● 德国洋甘菊

在很早以前就作为药草为人所知。其香气与苹果相近，也被叫作"大地的苹果"。在饮用的时候只放入花的部分，可以退烧、止腹痛，有安眠效果，可以帮助消化。

● 菩提叶

作为菩提树的叶子，在很久以前就被人们所喜爱，具有稳定情绪的功效。有着柔和的味道和甜美的香气。

● 欧锦葵

蓝锦葵的花。闷泡出来的水色是美丽的蓝色，常用于展示水色的表演。没有什么特别的味道，宜于饮用。

● 薰衣草

名字源于拉丁语的"纳德斯"，有清洗的意思，象征着清凉、纯粹。叶、花、茎都有着刺激性很强的清爽清香，味道也很清凉。

● 百里香

有安神的作用，对贫血和消除疲劳有很好的效果，常使用在制作肉类、鱼类料理时。在放入红茶的情况下，跟奶茶的契合度也很高。

● 鼠尾草

以英国为首的欧洲各国，包括美国在内，都在很早之前就作为药草茶开始饮用了。它具有杀菌的作用，也能够促进消化，有着清爽的香气和刺激性的清凉感。

● 迷迭香

有着让人舒爽的清爽感和刺激性的香气。因为有着强烈的苦涩味道，能够给红茶带来自身所不具备的青涩香气和清凉感，成为茶饮的点睛之笔。

将药草用于红茶时的要领和注意事项

从红茶的花式做法来考虑，始终是以红茶的味道、香气为主，而药草作为辅助添加的部分，会对香气进行补充。

● 要领和注意事项

1. 药草的纤维质很多，又很脆弱，长时间的闷泡会使其溶化析出，导致茶味苦涩。

红茶和药草的闷泡方法

BOP 型

药草　　红茶

1. 将药草和红茶同时放入茶壶。

2. 倒入热水，闷泡。

OP型

1. 把红茶放入茶壶中，倒入热水闷泡。

2. 2 ~ 3分钟后倒入药草，继续闷泡。

2. 就香气来说，倒入热水闷泡2～3分钟的时间是最佳的，长时间（10分钟以上）的闷泡，会感觉到异臭。

3. 长时间的闷泡会使水色浑浊，也会让味道发生改变。

考虑以上几点，使用红茶时应选用能在短时间内快速析出味道、香气、水色的红茶品种。而为了突出药草的特性，茶叶最好选用涩味较为平缓、不具备个性化香气的正统派茶叶。这里可以考虑使用的是斯里兰卡的康提红茶、印度的尼尔吉里红茶、肯尼亚的CTC茶等。无论选用的是哪种红茶，都要使用析出时间较短的BOP型或是CTC茶。

如果使用了茶叶叶片较大的OP型茶叶，那么可以考虑采用以下的方法。首先要将红茶放入茶壶中，闷泡2～3分钟后，在红茶的味道析出一半的情况下，再加入适量的药草，混合在一起。

加入药草和水果、香料的花式红茶

药草中原本就有很多具有类似水果的香气。比如说，德国洋甘菊有苹果的香气，而柠檬草、柠檬薄荷则具有柠檬的香气。除此之外，还有很多有着菠萝或是香蕉的香气。可是，不管哪个都不是真正的水果，味道也不是水果本来的味道。

因此，在使用具有与水果香气相近的药草时，如果加入一点真正的水果，会让药草的香气更加新鲜，表现得更具水果感。

此外，在使用香料的情况下也是一样，在香气清爽的药草中加入少量具有清凉感的香料，能够做出具有异国情调的风味。

红茶＋药草、新鲜水果、香料

药草	新鲜水果	香料
薄荷	柠檬、葡萄柚、酸橙、橙子、菠萝、苹果	小豆蔻、生姜、肉豆蔻
柠檬草	柠檬、酸橙、葡萄柚、橙子、菠萝、苹果	小豆蔻、生姜、肉豆蔻
德国洋甘菊	苹果、橙子、香蕉、桃子、梅子	生姜、肉豆蔻
薰衣草	橙子、苹果、菠萝	小豆蔻、生姜
百里香	柠檬、酸橙、橙子、苹果	肉桂、肉豆蔻
鼠尾草	柠檬、酸橙、葡萄柚、苹果	肉桂、小豆蔻、肉豆蔻、丁香
菩提叶	巨峰葡萄、麝香葡萄、香蕉、菠萝、桃子、苹果	肉桂、肉豆蔻、丁香
猫薄荷	柠檬、橙子、葡萄柚、菠萝、苹果	小豆蔻、生姜、肉豆蔻
迷迭香	柠檬、橙子、柠檬油、菠萝、苹果	小豆蔻、生姜、肉豆蔻

薄荷橙红茶的制作方法

将干薄荷和红茶一起闷泡,然后在其中加入橙子皮,就能得到一杯清爽甜美的花式红茶了。

材料(1人份)

新鲜的薄荷叶:2～3 片

干薄荷叶:少量

橙子切片:银杏叶状 1 片

橙子皮:2 片

红茶:康提红茶

做法

① 在茶壶中放入红茶(康提红茶)和干薄荷叶。

② 将橙子皮轻轻地挤压。

③ 倒入热水,闷泡 3 分钟。

④ 在茶杯中放入切成银杏叶状的橙子片和新鲜的薄荷叶。

⑤ 把红茶倒入茶杯。

1

干薄荷　　　红茶

在茶壶中放入红茶和干薄荷。

2

放入橙子皮。

3

倒入热水,闷泡 3 分钟。

4

在茶杯中放入橙子片和新鲜的薄荷叶。

5

倒入红茶。

酒精和红茶

烈酒茶

在茶中加入酒精类的饮品，不论是在中国还是在日本的文化中，都前所未见。可是，茶叶传入欧洲后，融入了当地的生活中，无论是口味还是健康方面的考虑都发生了各种各样的变化，于是产生了在红茶中加入白兰地、葡萄酒、伏特加、威士忌等酒类饮用的方法。

在寒冷的俄罗斯，有加入果酱和伏特加制作的鲁西安茶；在爱尔兰，有加入威士忌的爱尔兰茶；还有加入白兰地、红葡萄酒制作的花式红茶。这些都是地处寒冷地区的人们为了获取热量而想出来的饮用方法。

此外，在休息日的午后轻松享受休憩的时候或是晚间临睡前，放一点点酒精在红茶中，可以制造出不一般的氛围，提高生活品质，也会让气氛变得更好。

所使用的酒精类型包括白兰地、威士忌、朗姆酒、伏特加、葡萄酒、梅子酒等，还有利久酒类的大部分，都与红茶非常相配，被经常使用。

而红茶的种类并没有特别的选择，可以自由选择喜欢的品种。大吉岭红茶、阿萨姆红茶、斯里兰卡红茶、中国红茶，各种各样的特性都能与酒精的特性相辅相成，呈现出不同的效果，非常美味。

鲁西安茶

在烈酒茶中，有使用伏特加的花式红茶。伏特加从12世纪左右开始，作为俄罗斯的地方酒种流传开来，也有在其中加入药草或是香料，为其附加风味的饮用方式。根据地区的不同，作为地方酒种不断流传，其种类有数千种之多。

鲁西安茶的制作方法

鲁西安茶是俄罗斯的红茶饮用方式，是将伏特加和红茶以及自家制作的甜果酱充分使用制作而成的花式红茶。

材料（1人份）

果酱：适量

伏特加：适量

红茶：根据个人喜好

做法

① 用涩味强劲的茶叶焖泡一壶红茶。

② 将果酱放到杯中，从上方倒入伏特加。

③ 舔一口果酱饮用红茶。

④ 如果果酱有残留的话，可以将其倒入红茶中混合，甜美地饮用。

俄罗斯的冬天，气温严寒，持续在 −40℃左右。为了让冻僵的身体快点热起来，在果酱上倒一点伏特加，舔上一口，就会让口腔热起来；再饮下红茶，身体也会跟着热起来。

此外，还可以试试使用白兰地、威士忌、朗姆酒等代替伏特加，也很有趣。在体味传统和文化中，享受烈酒茶的乐趣。

1

制作红茶。

2

在果酱上倒伏特加。

3

舔一口果酱饮用红茶。

4

也可以把果酱倒入红茶。

白兰地茶的制作方法

为了能够在深刻感受红茶风味的同时享受到白兰地香醇的香味，注意不要将白兰地加得太多。至于红茶的选择，按个人喜好挑选即可。

材料（1 人份）

粗糖：1 茶匙

白兰地：适量

红茶：根据个人喜好

做法

① 将茶杯充分预热后，倒入 1 茶匙的粗糖。

② 加入 2 ~ 3 茶匙（适量）自己喜欢的白兰地。

③ 在茶壶中闷泡出一壶红茶。

④ 在倒有白兰地的茶杯中倒入红茶。

1

放入粗糖。

2

倒入白兰地。

3

制作红茶。

4

往杯中倒入红茶。

冰红茶的花式做法

水果与冰红茶的结合

如果有基本的冰红茶液体，可以放入新鲜水果、牛奶、果汁、烈性酒等，做出多种口味的茶饮。

新鲜水果冰红茶

橙子、柠檬、葡萄柚等柑橘类，草莓、香蕉、菠萝、蜜瓜、西瓜、桃子、梅子、巨峰葡萄、麝香葡萄等香气和味道都很强烈的水果，将其放入红茶中，可以一同享受水果的风味。

基本的制作方法，只有以下两点需要注意。

① 在玻璃器皿中放入切成小块的水果，同时加入一点鲜榨果汁。

② 放入冰块和冰红茶（康提红茶），用同一种水果做装饰，使其浮在水面增加其表现效果。

＜柑橘类＞

柠檬、橙子、葡萄柚、夏橘、早生橘、酸橙。

① 将一片柑橘类圆片切成4片的银杏叶状，另一片再一分为二，切成两个半圆，装饰玻璃杯。装饰用的切成其他的形状也可以。

② 在玻璃杯中放入切成银杏叶状的柑橘类，倒入冰块和冰红茶。

③ 用切好的水果切片装饰玻璃杯。

<草莓>

① 将一个草莓一分为二切成两半，一半留作装饰，另一半稍微碾碎，将果肉和果汁一起放入玻璃杯。

② 将冰块和冰红茶一起倒入杯中，让装饰用的半个草莓浮在水面。

<香蕉>

① 剥掉皮，1人份大概需要使用3～4厘米的香蕉。

② 以3～4毫米的厚度将香蕉切片，放入玻璃杯中。

③ 倒入冰块，用叉子将1～2片香蕉微微碾碎，使香气和味道散发出来。

④ 倒入冰红茶，让沉下去的香蕉浮起来。

花式冰奶茶

在新鲜水果、香料、药草、利久酒类和花式冰红茶中加入牛奶，可以进一步提高附加值，增加展现效果。

加入牛奶，在成分中的酪蛋白胶态离子（乳蛋白）的作用下，红茶的涩味得以缓解，口味变得柔和。加入水果红茶的情况下，水果的味道和香气都会变得更强。

加入牛奶的分量，占红茶总体的10%～20%，虽然感觉上分量相当少，但因为冰红茶的个性较弱，即使只加入少量牛奶，也会获得很浓的奶香。

可以加入牛奶的水果红茶是柠檬、葡萄柚、夏橘、酸橙、香蕉、草莓、桃子、苹果等。这其中，在柠檬等柑橘类水果红茶中加入牛奶，通常会导致分层，外观令人不快。但是，因为牛奶的用料只占整体的10%～20%，乳脂肪含量少，就不容易造成分离的状态。尽管经过长时间还是会导致分离，但由于是冰红茶，饮用的时间相对较短，可以在分离前充分享用。

香蕉冰红茶的制作方法

1

切口

切开香蕉。

2

将香蕉切成圆片。

3

轻轻碾碎。

4

倒入冰红茶。

柑橘类的切片方法

   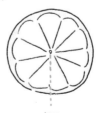

切口

切成银杏叶状

装饰用

分层茶的制作方法

　　将柑橘类或果汁丰富的水果放入榨汁机中榨取果汁，加入冰红茶中，致使上下分层，做成分层茶。

　　水果可以有柑橘类、菠萝、蜜瓜、草莓、桃子、巨峰葡萄、麝香葡萄等多种选择。如果只是果汁，比重太低，很难分层，可以加入奶昔糖浆以提高比重。

葡萄柚分层茶的做法

材料（1 人份）

冰红茶：100 毫升

葡萄柚果汁：20 毫升

奶昔糖浆：20 毫升

冰沙：300 克

葡萄柚切片：1 片

做法

① 切出葡萄柚的 1/4 榨汁。

② 在玻璃杯中倒入葡萄柚果汁，加入奶昔糖浆搅拌均匀。

③ 倒入冰沙。

④ 将冰红茶缓慢倒入。

⑤ 用切好的葡萄柚切片装饰。

起泡茶的制作方法

在白葡萄酒中加入碳酸，就称作起泡葡萄酒。同样，在冰红茶中加入碳酸，就称作起泡茶。加入一点点碳酸，就能消弭掉红茶的涩味，产生一种爽快感，变成一杯让喉咙爽快的起泡茶。

材料（1 人份）

冰红茶：120 毫升

柠檬切片：2 片

奶昔糖浆：20 毫升

无糖碳酸水：30 毫升

冰沙：300 克

冰块：500 克

做法

① 将柠檬切片，切成银杏叶状。

② 在玻璃杯中倒入糖浆，把切成银杏叶状的柠檬放进杯中。

③ 向冰沙中倒入冰红茶，将其充分搅拌均匀。

④ 倒入无糖碳酸水，轻轻令其混合。

聚会版宾治茶的制作方法

在很多人的聚会上，端出欢迎茶饮的时候会使用宾治茶。宾治茶源自印度，当地人在冰红茶中加入了 5 种水果和椰子酒饮用。在印度语中，宾治表示数字 5。据说冰红茶的宾治茶就是从这开始流行的。

材料（12 人份）

冰红茶：2 升

奶昔糖浆：200 毫升

黑葡萄酒：100 毫升

无糖碳酸水：150 毫升

水果切块：柠檬、橙子、苹果、草莓、菠萝，适量

做法

① 分别将水果切成小块备用。

② 将冰红茶倒入宾治壶中，将切块的水果也放入其中。

③ 倒入奶昔糖浆和黑葡萄酒。

④ 加入冰块轻轻混合，最后加入无糖碳酸水。

决定味道关键的是碳酸水。加得太多会辣，口味就不平衡。从整体来说，应该以稍微能感觉到碳酸水又不影响冰红茶口感为目标，少量适量添加。在提供饮用的时候，宾治茶要用长柄勺从玻璃器皿中连同切好的水果块一同盛出，倒入杯子时，为了表现其色彩丰富，注意每种水果都要盛 1 ~ 2 块。

甜品红茶

视觉满足度高的甜品红茶

　　将切好的水果放入冰红茶中，可以一边吃水果一边享受冰红茶的乐趣，这就是甜品红茶。为了可以放入充足的水果，要使用大的玻璃杯，并提供叉子和吸管搭配使用。即使使用同一种水果和冰红茶的组合，甜点红茶的水果分量也更多。

　　水果中沁出的果汁会增添冰红茶的风味，即使经过一段时间，也能保持足够的美味。而且，满满的一整杯水果，给人视觉上的满足度也非常高。基本上，只需把水果切块放入即可，制作方法非常简单。

草莓甜品红茶的制作方法

材料（1人份）

草莓：4 ～ 5 颗
奶昔糖浆：20 毫升
冰红茶：120 毫升
冰沙：200 克

做法

① 将草莓切成容易食用的大小。
② 在杯中倒入冰沙，将冰红茶倒入其中。
③ 倒入奶昔糖浆搅拌均匀。
④ 把切好的草莓放入其中。

西瓜蜜瓜甜品红茶的制作方法

　　最适合夏天的冰红茶菜单。一边吃着西瓜和蜜瓜一边饮用冰红茶，不知不觉会吃下很多。西瓜的香气与冰红茶也十分相称。

材料（1人份）

西瓜与蜜瓜的切块：各 3 ~ 4 块

奶昔糖浆：20 毫升

冰红茶：100 毫升

冰沙：200 克

做法

① 在大号的玻璃杯中放入冰沙，倒入冰红茶。

② 倒入奶昔糖浆搅拌均匀。

③ 把西瓜和蜜瓜放入其中。

香蕉牛奶巧克力冰红茶的制作方法

　　在冰红茶中倒入牛奶，然后加入少量的巧克力糖浆。在其中加入切好的香蕉，一边吃香蕉，一边享受巧克力风味的牛奶冰红茶。

材料（1人份）

香蕉切块：5 ~ 6 块

奶昔糖浆：10 毫升

冰红茶：100 毫升

牛奶：20 毫升

巧克力糖浆：20 毫升

做法

① 在大号的玻璃杯中放入奶昔糖浆、牛奶、巧克力糖浆。

② 放入冰块，倒入冰红茶搅拌均匀。

③ 把切好的香蕉放入其中，令其漂浮。

按照喜好，加一点肉桂粉，即可享受到异域风情的风味。

　　其他的甜品红茶，可以参考下面的菜单考虑。总之是一边吃水果一边喝红茶，享受两者兼得的美味。

橙子＆葡萄柚	**苹果＆猕猴桃**
桃子	**蜜瓜牛奶＆香草冰红茶**
菠萝＆葡萄柚	**桃子牛奶＆香草冰红茶**
巨峰葡萄＆麝香葡萄	**香蕉巧克力牛奶＆香草冰红茶**

【专栏】
持有红茶的开心作用

红茶具有解毒的功效

红茶的主要成分是儿茶素类的单宁和咖啡因。儿茶素类的单宁具有抗菌力，因此可以确定红茶具有解毒的功效。特别是对于大肠菌类，有很好的杀菌、抗菌力。研究证明，加入富含儿茶素的红茶，可以让伤寒菌、赤痢菌、霍乱弧菌、肠炎弧菌等灭绝。

即使是在茶叶中，红茶中被称作红茶多酚的物质，在红茶氧化发酵时产生的茶叶黄素、茶红素也具有很强的抗菌、杀菌力。

另外，儿茶素类很容易与水分中含有的有机物结合，在结合后受到咖啡因的利尿作用，排出体外，从而达到解毒的功效。

红茶中的儿茶素可以阻止老化

通过防止类脂质的过氧化来阻止老化的代表物是维生素 C 和维生素 E。可是，红茶中含有的黄酮类化合物也具有很强的抗氧化作用。科学证明，其效果是维生素 E 的 5 倍以上。

类脂质的过氧化与老化有着怎样的关系呢？生物的一生是从成熟走向老化的过程，最终结束一生。吸收空气中的氧气，将其转化为生命体内的活性氧，对细胞造成损害，这与老化现象紧密联系在一起。可是，另一方面，白细胞在攻击细菌时，需要利用活性氧。为了维持健康，活性氧对于生物来说是不可缺少的。

类脂质在活性氧的作用下，氧化成为过氧化类脂质。而过氧化类脂质因为有毒，所以如果大量产生，就会损伤血管壁，导致动脉硬化和血栓。另外，据研究证实，活性氧会损害 DNA 或 RNA，扰乱遗传因子信息。因为体内科学物质合成或是受到损害细胞的修复，都要根据遗传因子情报进行，健康也会因此受到损害。就是说，活性氧的弊病与老化的发生紧密相连。

维生素 E 和维生素 C 作为食品添加剂，被经常使用，具有防止食品腐败的作用。就是说，和具有防止氧化效果的红茶中含有的儿茶素产生了加倍的效果，具有防止氧化和老化的作用。

红茶的节食效果

红茶中的儿茶素可以分解导致肥胖的中性脂肪。人类在身体运动的时候，会使用肝脏中储存的糖原。糖原产生瞬间爆发力，能源消费不可缺少，但如果糖原不足，就会感到疲劳，变得无法发挥力量。

不过，在饮用红茶摄取儿茶素的情况下，儿茶素会先分解中性脂肪产生能源以供给消费，成为运动的动力。到这个效率变差为止，糖原被保存下来，体力不会衰竭，可以让健康的精神状态维持更久。

利用这个效果，将红茶作为运动饮料使用。此外，希望限制饮食的人，在运动前饮用红茶，分解中性脂肪作为能量源，可以达到瘦身的效果。

因为红茶没有能量，卡路里为 0，所以激烈运动的时候，可以加入含有糖分、维生素 C 的柑橘类果汁作为补充，成为更好的运动饮料。

红茶可以缓解宿醉

如果酒精摄取过度，就会有"醉酒"的感觉，行动变得迟缓，对话变得不流畅，思考力也会降低，使大脑陷入麻痹的状态。相对的，血液流动会加快，营养和氧气会随着血液被送达身体各部分的组织，老化废物得以通过血液进行回收，排出体外。某种程度对消除疲劳有效，当然还是要考虑程度的问题。

进入体内的酒精会在肝脏中分解，变成二氧化碳和水，但如果肝脏分解不完全，就会生成分解途中的中间物质"乙醛"，残留在血液中。如果乙醛残留下来，就会导致呕吐、腹痛、胃痛、腹泻等症状，这种状态即被称为"宿醉"。

能够对此发挥效用的，是红茶中含有的咖啡因，它能够刺激大脑中枢，激发其活力。也就是说，酒精产生的麻痹感被咖啡因的觉醒作用所打败，让人体能够清醒过来，起到恢复状态的效果。而且，咖啡因能够提高人体内的代谢活性，使肝脏对乙醛的分解能力增强。维生素 C 对此也极为有效，所以柠檬红茶或者红茶柠檬水的效果要更上一层楼。

英国也被称为"酒的国度"，是世界第一的"酒吧大国"。据说在过去，喝了啤酒或琴酒导致宿醉的男人们，为了治愈会在上午到咖啡厅泡一会儿。因为咖啡或红茶中含有的咖啡因，作为让男人们身体清爽起来的秘药，是他们珍贵的宝物。

红茶的除臭剂

体臭的根源脂臭，包括加龄臭以及即使年龄尚轻也会发生的中年脂臭。

"红茶与生活研究所"（麒麟饮料公司）在研究中发现，"红茶对于中年脂臭生成菌具有抗菌效果"。

将产生中年脂臭的皮肤常在细菌放在含有红茶的培养基中培养 12 个小时，使用分析机，测定产生的中年脂臭。接下来将培养液放在培养皿中，确认繁殖细菌的数量。其结果是，培养液中含有红茶的情况下，几乎没有细菌繁殖，因此能够起到预防中年脂臭的作用。

此外，将红茶放入泡澡盆中入浴，还能起到消除脂臭和皮肤常在细菌的作用。利用红茶中的儿茶素所具备的分解脂肪的作用，在洗浴过程中，吸收去除汗腺及皮肤上附着的油脂，达到清洁皮肤的功效。放入泡澡盆中的入浴剂种类繁多，但红茶因为是天然材料，所以可以更加放心地使用，既可以除臭，对皮肤也有很好的效果，可说是全新的使用方法了。

第五章

制作原创混合茶

将红茶混合的目的和意义

为什么要将红茶进行混合

将绿色的生茶制作成红茶，必须要经过20多个小时的时间。几乎每天都在制作的红茶，却因为受到季节、气候的影响，每天制作出的成品，其味道、香气和水色三方面的品质都有所不同。

即使香气浓郁，水色却偏弱；反过来，水色过浓如墨，涩味又太强，难于饮用——制作而成的红茶即使足够新鲜，也很难成为色、香、味三者俱佳的红茶。因此，为了将各个茶叶取长补短，制作出平衡的好茶，会对茶叶进行混合。

人们总是希望红茶在加入牛奶的情况下，也能展现出很好的红茶感；放入水果或药草，也会有很好地融合；在制作冰红茶的时候，能够达到很高的透明度，让喉咙有种畅快感。

此外，还有对软水、硬水的适应性，能够做出适合水质的红茶就好了。

19世纪后半叶，红茶在英国国内迅速普及，作为平民的嗜好品在英国扎根。此后，有"世界红茶王"之称的托马斯·立顿（1850—1931）划时代地出售起混合红茶，一跃奠定了著名的混合茶地位。

他推出市场的红茶，是以"属于消费者自己的红茶"为立意点的"我的混合茶"，是令人涌起爱恋的红茶。

当时，其他的茶商们也在制作混合茶。只是，他们制作混合茶的目的，在于使这些红茶在任何时候饮用都是同一种香味，令其品质平均，这样在增量的同时，也能够达到量产。其优点有以下三点：

1. 可以稳定价格。

2. 旧茶也可以用于制作混合茶，这样可以消化库存。

3. 具有一定程度的品质，在年中阶段也可进行销售。

在这样普通的混合茶中，立顿即使是同一款红茶，也充分考虑了伦敦、苏格兰、爱尔兰以及其他各国的水质的不同，为了让红茶的风味更加显著，与当地地域的水质更佳符合而制作了原创的混合茶进行销售。

这就是流传至今的传统的伦敦混合茶、爱尔兰混合茶、苏格兰混合茶等，它们成了与地方酒及其他具有地方特色的物产一样的地方特产。

这些原创混合茶是被当地人夸赞的，只有在当地才能喝到的特别的红茶。立顿为了制作这些混合茶，培养了专业的鉴定师。在英国，喝到专业鉴定师制作的红茶是地位的象征。只是，有再多的专业鉴定师，也做不出符合每一个人的个人爱好且与饮食相符的混合茶。这样，自己试着制作只属于自己的混合茶怎么样？

现如今，在伦敦或纽约等地，像这样出售面向个人制作的混合红茶专门店增多了。越来越多的人想要品尝符合自己个人喜好、风格的原创红茶。

明确混合茶的目的

将茶叶进行混合的时候，要先明确想要制作具体什么样的红茶，再进行混合。首先，要充分了解即将使用的茶具有什么样的特性，这是排在第一位的先决条件。

1. 将水色淡的红茶混合出浓重的水色，使其更适合制作奶茶。

2. 水色浓重的红茶，在不影响味道和香气的情况下，可以制作出更加清澈透明的水色。

3. 把个性过强的浓烈香气缓和为优雅的香气。

4. 在香气较淡的茶叶中加入香气浓郁的茶叶，以增强其香气。

5. 某种程度上，让涩味较淡的红茶涩味更浓，使其可以用于闷泡奶茶。

6. 中和涩味过强的红茶，使其能够闷泡成红茶饮用。

其他也是一样，基于红茶的三大要素，以味道、香气、水色的强弱为基准进行调整，使茶叶的特性能够按照自己喜欢的风格进行改变。

混合茶的制作方法

试着将几个品种的茶叶进行组合，制作出符合目的要求的混合茶吧。混合后要记得调整食谱，为了给下一次再次制作同款混合茶做准备，要将搭配茶叶的比例记录清楚。

首先，按照自己目标的红茶特性准备出预计要用的几种茶叶。如果是只用红茶茶叶来混合，那么就准备3种左右的茶叶。

作为试用的剂量，最初不要大量制作，仅调制少量（20克）即可。混合后，在茶壶或品茶杯中进行鉴定，看是否达到了预期的效果。

在需要微调的时候，要将补充加入的茶叶添加到食谱上，再一次进行鉴定。如果得到了满足要求的香气，那么就可以增量，制作出足量的符合要求的混合茶。

混合茶的制作方法

1

乌瓦红茶
BOP 型

努沃勒埃
利耶红茶
BOP 型

汀布拉红茶
FTGFOP 型

选择茶叶。

2

决定配比,调制出 20 克总量的
茶叶。

3

鉴定制作出的混合茶,茶叶 5 克,热水
350 毫升。

4

3 分钟后

3 分钟后,检验第一杯红茶的香味。

5

10 分钟后

10 分钟后,检验第二杯红茶的味道和水色。

以印度红茶为基底的混合茶

　　受到喜马拉雅山脉的影响，印度的大吉岭红茶在春、夏、秋三季采摘，其香气和味道都有很大不同。春摘茶颜色翠绿，有着水果感的麝香葡萄、青苹果那样的香气；夏摘茶则有着爽快刺激感的强力涩味，像乌龙茶一样呈现出淡淡的橙色水色。

　　阿萨姆红茶的种植面积占印度红茶的65%，有着传统风味，浓重的涩味是其主要特征。可是，特别浓黑的深红水色，如果闷泡红茶，会显得水色过重。

　　与斯里兰卡红茶极为相似的尼尔吉里红茶，水色透明度高，呈现出橙系的深红色。有着红茶的风味，宜于饮用，但是缺乏突出的香气个性。

　　将这些独具个性的各种红茶，以不同的目标和预想进行混合，下面就进行举例说明。

　　以全部茶叶量为100%来计算，将混合的茶叶比例用百分数来说明。制作100克的混合茶也可以，按1/5制作试用量20克的混合茶也可以。

🫖 用大吉岭红茶制作的混合茶

大吉岭春摘茶60%＋康提红茶30%＋努沃勒埃利耶红茶10%

　　因为大吉岭的春摘茶或夏摘茶水色较淡，适合作为红茶饮用。如果能缓和其强而刺激的涩味，激发出水果感的麝香葡萄香气，加入牛奶制作奶茶也十分美味。

　　为了弥补其水色的不足，加入康提红茶；而为了让涩味膨胀起来，进一步加入有着清爽甜味的努沃勒埃利耶红茶。

🍵 大吉岭秋摘茶的混合茶
大吉岭秋摘茶40%＋祁门红茶20%＋阿萨姆红茶20%＋卢哈纳红茶20%

大吉岭的收获季节中，9—11月采摘制作的即为秋摘茶。特征是浓重强烈的涩味以及仿佛成熟苹果和葡萄混合在一起的甜美的水果感香气。水色是橙色系的红，基本上被用于制作奶茶，广受喜爱。但由于其味道、香气、水色都极深，比起制作成奶茶，混合茶可以更好地展现其醇厚且独具华丽芳香的魅力。

加入与大吉岭红茶同属中国种的祁门红茶以及制作出美味风味的阿萨姆红茶、斯里兰卡的卢哈纳红茶。加入卢哈纳红茶，能够增加甜美温和的口感。

🍵 制作清爽的阿萨姆混合茶
阿萨姆红茶50%＋康提红茶30%＋努沃勒埃利耶红茶20%

阿萨姆红茶的等级几乎都是CTC茶，能够快速析出，涩味浓重，但刺激较小，水色是接近浓黑的深红色。在这样的阿萨姆红茶中加入口味清爽的康提红茶，其口感会变得柔和而适宜饮用。接下来为了激发香气，可以加入清爽的努沃勒埃利耶红茶。

🍵 浓厚却口感清爽的拉茶混合茶
阿萨姆红茶CTC50%＋尼尔吉里红茶CTC25%＋肯尼亚红茶CTC25%

"拉茶"最初是"红茶"的意思，在印度却将用茶叶和牛奶煮制的奶茶称作"拉茶"。因为要用锅煮制，所以CTC茶这样析出较快、易与牛奶混为一体的茶叶更为适合。作为拉茶专用的混合茶，要全部选用CTC茶进行制作。

🫖 大吉岭红茶和伯爵格雷红茶的混合茶
大吉岭秋摘茶50%＋伯爵格雷红茶40%＋肯尼亚红茶CTC 10%

　　大吉岭秋摘茶强烈的麝香葡萄香气中，加入含有柑橘系香柠檬油香气的伯爵格雷红茶，能够混合出高贵的香气。再加上肯尼亚的CTC茶，可以加深水色，既适用于制作奶茶，也能够调制出美味的奶油棕色。

🫖 添加中国神秘香气的阿萨姆红茶
阿萨姆红茶50%＋正山小种30%＋卢哈纳红茶20%

　　这里作为基底使用的阿萨姆红茶是OP型茶叶，有着中等涩度和优雅浓重的味道。因其香味的特征较弱，可以加入有着中国神秘香气的正山小种。原本正山小种有种浓重的松树的烟熏香气，但因为用量只占全体的30%，所以有着优雅醇厚的口感，喝起来很清爽。再加上卢哈纳红茶，其风味更加浓郁，协调出美味的平衡。不管是闷泡红茶，还是用于制作奶茶，都相当推荐。

🫖 其他具有柑橘类香气的尼尔吉里红茶混合茶
尼尔吉里红茶CTC60%＋伯爵格雷红茶20%＋努沃勒埃利耶红茶20%

　　以没有明显特色却易于饮用的尼尔吉里红茶作为基底，加入20%有着香柠檬油香气的伯爵格雷红茶。伯爵格雷红茶的香气隐隐飘香，有着天然的清爽气息。努沃勒埃利耶红茶清爽明快的涩味，在闷泡红茶饮用时能留有余韵。

斯里兰卡红茶的混合茶

　　斯里兰卡的红茶受种植地海拔高度和季风的影响，有众多香味特异、丰富的红茶品种。其中，既有像大吉岭红茶那样清爽，有着蔷薇、薄荷香气，仿佛青苹果味道的季节性红茶；也有像祁门红茶那样，有着甜美香气，和有着浓郁味道的低海拔种植的卢哈纳红茶。将它们各自的特征加以展现，再行搭配，可以制作出多种混合茶。

🫖 奢侈的清爽感，努沃勒埃利耶红茶

努沃勒埃利耶红茶60%＋大吉岭春摘茶30%＋乌瓦红茶10%

　　努沃勒埃利耶红茶是斯里兰卡产出的红茶中最清爽的，有着独特的香气。在其中加入大吉岭春摘茶，就能制作出顶级的有如香槟般的水果感和极为清爽的味道。加入乌瓦红茶后，可以制作出有着红茶般浓郁的味道和透明度极高的赤红水色。

🫖 乌瓦红茶的奶茶混合茶

乌瓦红茶50%＋阿萨姆红茶20%＋卢哈纳红茶20%＋康提红茶10%

　　原本就很适合制作奶茶的乌瓦红茶，有着强烈的涩味，但乌瓦红茶的茶味较淡，为了让其更加浓郁美味，需要搭配阿萨姆红茶。再进一步加入有着砂糖刚刚开始焦化般甜美芳香的卢哈纳红茶，让味道更加浓郁。为了缓和整体的涩味，取得平衡，最后再追加10%的康提红茶。

🫖 康提红茶的混合茶
康提红茶60%＋汀布拉红茶30%＋乌瓦红茶10%

　　康提红茶因其水色优美、涩味较淡的优点，经常被用于制作花式红茶。但用来闷泡红茶的情况下，不论是香气的强度还是涩味的质感都略显不足，亟待加强，此时，就要搭配汀布拉红茶和乌瓦红茶。

　　一方面，康提红茶圆融的口感极宜入口饮用；另一方面，加入了乌瓦红茶，第二杯之后可以加入牛奶，享受奶茶的乐趣。

🫖 以汀布拉红茶为基底的正统派混合茶
汀布拉红茶40%＋肯尼亚红茶20%＋乌瓦红茶20%＋康提红茶20%

　　个性强烈的混合茶，给人留下味道和香气都很强烈的印象。有的人喜欢那种后味，但也有人会觉得讨厌。因此，可以试着使用有着正统派香味的汀布拉红茶，制作无论是谁都会喜欢的混合茶。这是无论用于闷泡红茶，还是奶茶、冰红茶、拉茶，都非常适用的有着正统味道的混合茶。

🫖 卢哈纳红茶的奶茶混合茶
卢哈纳红茶50%＋正山小种20%＋阿萨姆红茶20%＋肯尼亚红茶10%

　　卢哈纳红茶有着蜂蜜、砂糖刚刚开始焦化般的甜美香气，有着异域风情的味道和口感。在这样的香气和味道上，进一步添加浓郁的特色风味，加入正山小种的松枝熏香，突出重点，让它与牛奶的混合完成度更高。而加入阿萨姆红茶和肯尼亚红茶，则是为了让二者能融为一体。

以中国红茶为基底的混合茶

在中国的各个地区都有独特风味的红茶。在红茶的发祥地福建省，有着以武夷山为代表的正山小种以及制茶技术独树一帜的坦洋、政和红茶。安徽省有着世界三大名茶之一的祁门红茶，云南省也有红茶和同类的普洱黑茶。

正因为它们极具特色，所以利用其强弱特征进行混合的红茶也别有趣味。

🫖 将不同的特色加以调和的中国混合茶
正山小种50%＋祁门红茶50%

有着强烈香气的正山小种，即便和其他品种的红茶加以混合，也会被其独特的强烈香气所支配，某种程度来说很难做出达到平衡的混合茶。因此，在正山小种中，对半加入与其有着同样倾向的祁门红茶，能够在保持平衡的情况下获得叠加效果。搭配了祁门红茶浓郁而强烈的香气，可以做出不失风味的美味混合茶。

🫖 祁门红茶的混合茶
祁门红茶60%＋卢哈纳红茶30%＋阿萨姆红茶10%

世界三大名茶之一的祁门红茶，它的味道是有着砂糖刚刚开始焦化般的香气，如蜂蜜、兰花般的甜美香气。味道虽然浓厚，但涩味不足。这里为了让其更加浓郁增加涩味，加入了卢哈纳红茶和阿萨姆红茶做搭配。

即使是闷泡红茶，也有着浓稠的甜味，用其制作奶茶，更能品尝到让人印象深刻的味道。

和香料、药草、其他茶叶的混合

使用香料，增加特色

使用香料制作的代表性调料咖喱中，使用了几十种的香料，但能够加入红茶中，成为味道、香气的突出特色的香料，不过寥寥数种而已。其中具代表性的是小豆蔻、生姜、丁香、肉豆蔻、肉桂、黑胡椒等。不过，除此之外的香料也完全可以使用，或者说经过各种各样的尝试，才能发现新的香味。

也会将几种香料混合在一起使用，2~3种或是更多也可以，根据配比的平衡，香味也会有很大的改变。

将香料混合入红茶中时，需要注意以下几点。

1. 香料有孔状和粉末状两种，粉末状的香料能够很好地跟红茶混合在一起，但孔状的香料如果不将其碾碎，就很难进行混合。

2. 香料有着很强的香气和味道，在混合前要充分了解其个性，通过少量混合反复鉴定来完成混合过程。

红茶和药草的混合茶

药草是将植物的叶、花、茎干燥后的产物，有着红茶中不曾含有的香气、成分、性能，更多的是产生新的美味和用途。另外，大多数红茶在外观上都呈现出统一的黑色，药草类则有多种颜色，将它们进行搭配，可以呈现出华丽绚烂的色彩，让人不禁有种想要饮用的冲动。

在红茶专卖店或是茶叶销售店，都日渐开展了销售加入药草的混合红茶的业务。这既可以为红茶的味道、香气、水色增添全新的魅力，又可以在饮用前展现出华丽的外观。

在茶叶的选择上，为了不影响药草特色的激发，多选用个性较弱的正统派的康提红茶、尼尔吉里红茶、肯尼亚的CTC茶等，不论跟何种药草搭配，都完全没问题。可是，如果使用香气强烈的大吉岭红茶、祁门红茶、乌瓦红茶、努沃勒埃利耶红茶，甚至是香草茶中的伯爵格雷红茶、正山小种等，如果能与药草的个性相合，混合后可以达到双倍的效果，制成个性更加鲜明、备受欢迎的混合茶。

🫖 将药草混合入红茶时的注意要点

1. 为了清楚地了解各种药草的特征，将药草单独闷泡析出，以掌握其味道、香气、水色的特征。

2. 将形状较大的药草进行剪切，以更好地与红茶相混合。

3. 根据闷泡析出的时间，香味也会有很大改变，要在充分了解比例分量以及基底红茶特性的前提下，进行谨慎的选择。

4. 充分了解药草的效用、机能性和由来等，在命名混合茶或是进行饮品说明的时候都可以用到，会让表现效果更佳。

在红茶中加入日本茶或中国茶进行混合

以红茶为基底的情况下，进行混合的副材料除了药草和香料，还有日本茶和中国茶。

173

作为不发酵茶的绿茶，有着红茶没有的香气，味道也因含有大量氨基酸和茶氨酸而呈现出强烈的甘甜美味。水色也是黄绿色，与红茶有着很大不同。

日本的绿茶有玉露、煎茶、抹茶、香茶、焙茶等很多种类。这些茶品都是在很久以前就作为日常饮品而被人们所喜欢的，无论是其味道、香气，还是闷泡方法，都为人们所熟知。即使和红茶进行混合，成品的香气风格也不难想象。

此外，中国茶也是一样，有釜炒绿茶、黄茶、白茶、青茶（乌龙茶）、花茶、普洱茶等各种各样个性鲜明的茶种。不止香气，连外观形状和颜色也不相同，在跟红茶混合的时候，极有存在感。

虽然同样是茶叶，却是至今为止的混合茶概念中并没有出现过的茶叶，将它们各自的特性融合在一起，制作出全新的香味，这不就是在茶叶的世界中，展开全新混合茶领域的未来茶饮料吗？

日本的绿茶

玉露　其特征是新鲜的浓绿色的茶叶，能析出浓稠的甘甜味道。因其甜美的成分较多，可以让红茶整体的口味变得更好。

煎茶　叶茶中分为能够析出浓绿水色或是黄绿水色的两种，清爽感和刺激性的涩味是其最大的特征。

抹茶　保持了叶茶的纤维质质感，香味极强。水色浑浊，在加入红茶的情况下多用于制作奶茶。含有大量的维生素C、维生素A、维生素E。

粗茶　与煎茶相比，甜味减少，更为清爽。茶叶的外观是深绿色，与红茶混合在一起，极为美观。

焙茶　将煎茶、粗茶进行炒制后得到的茶叶，焦香的香气是其特征，有着甜美的口感，与红茶极为相合。

🫖 中国茶

釜炒绿茶 中国绿茶中的代表性茶种，有着清爽利落的涩味，很干脆的味道。

黄茶 将叶芽或是柔软的嫩叶进行干燥得到的茶叶，经过微发酵的工序，有着优雅的干花一样的甜美香气。味道很醇厚，涩味很弱。

白茶 只用茶叶的芽来制作。因其只经过干燥一道工序，与药草十分相似。味道十分醇厚黏稠，混合后能够很好地缓解茶叶的涩味。

青茶（乌龙茶） 乌龙茶广受人们青睐，有着让人想起南方水果的香气和花香，味道是爽快刺激的涩味，与红茶混合后，能够成为其特色。

花茶（茉莉花茶） 给绿茶增添茉莉花香，是天然的香草茶。除了茉莉花外，还有添加金桂花、菊花香气的茶。

普洱茶 在氧化发酵的红茶基础上，添加一种曲霉属菌使其再度发酵得到的茶叶。具有独特的强烈香气，具有将红茶的风味大大改变的能力。

提升红茶机能性的混合茶

下面介绍几款混合茶。作为基底使用的茶叶量为100克，药草和香料的分量用茶匙（TSP）来进行计算。

🫖 令身心放松的混合茶

具有让紧张和兴奋平静下来，放松身心的效果。

以咖啡因含量较少的康提红茶为基底，加入具有精神安定作用的鼠尾草和柠檬草，再搭配薄荷、薰衣草等有着清甜清爽香气的药草，一起混合。

材料

康提红茶：100克

鼠尾草：TSP 2匙

柠檬草：TSP 1匙

菩提叶：TSP 2匙

香橙薄荷：TSP 2匙

薰衣草：TSP 1匙

🫖 消除疲劳的混合茶

英国从中世纪开始就将鼠尾草作为代茶饮进行饮用。人们认为，鼠尾草能够增进食欲、调节肠胃、预防因饮水引发的腹泻，并消除疲劳。

在斯里兰卡，会将肉桂加入咖喱，而印度将黑胡椒加入拉茶也是为了起到同样的效果。将香料和药草混合，不仅能够享受全新的味道和香气，还能够令饮用者消除疲劳。

材料

卢哈纳红茶（50克）＋祁门红茶（50克）：100克

肉桂：TSP 1匙

鼠尾草：TSP 2匙

黑胡椒：TSP 1匙

🫖 睡前混合茶

能够让人尽快安眠的混合茶。上床安寝前饮用的红茶，可以让身体温暖、驱除杂念，让身体充分地放松，得到很好的休息，是有着甜美香气的混合茶。

材料

康提红茶（70克）＋乌龙茶（30克）：100克

洋甘菊：TSP 2匙

菩提叶：TSP 2匙

生姜：TSP 1匙

小豆蔻：TSP 1匙

🫖 降低血糖的混合茶

桑叶具有降低血糖的功效，在食用甜点的时候或是在餐食中作为餐桌饮料饮用，都可以发挥功效。桑叶通常是焙煎后使用，在这里则是在新鲜状态下，作为涩味较少的绿茶使用。

材料

康提红茶：100克

新鲜桑叶：TSP 2匙

柠檬草：TSP 1匙

生姜：TSP 1匙

🫖 缓解花粉症的混合茶

现如今，受花粉症困扰的人急剧增加。研究证明，茶叶中所含的儿茶素对于缓解花粉症的症状有很好的疗效。可以使用有着清爽香气的大吉岭红茶和努沃勒埃利耶红茶进行混合，再加入薄荷、柠檬草、百里香的清爽香气，缓解让人讨厌的花粉症症状。

材料

大吉岭红茶（50克）＋努沃勒埃利耶红茶（50克）：100克

薄荷：TSP 2匙

柠檬草：TSP 1匙

百里香：TSP 1匙

生姜：TSP 1匙

富含维生素C的混合茶

红茶的成分中不含维生素C，因此加入绿茶玉露混合，可以为其添加维生素C，更可以用玉露的美味让红茶得以更甜美地析出。

野玫瑰的果实里含有能够让维生素C保持活性的维生素P，能制成最好的补充维生素C的药草茶。香气是洋甘菊、柠檬草带来的类似青苹果和柑橘系的味道。

材料

康提红茶（70克）＋玉露（30克）：100克

野玫瑰果实：TSP 3匙

柠檬草：TSP 1匙

洋甘菊：TSP 2匙

用于控制饮食的混合茶

红茶中含有的儿茶素能够让体内的脂肪燃烧，具有让能量代谢增强的作用。因此，在想要减脂进行饮食控制的时候，饮用红茶能够起到很好的效果。

再加上香料的配合，可以进一步促进代谢，让体温上升，激发身体新陈代谢的能力。同时，可以降低内脏脂肪和血液中的胆固醇，达到饮食控制减肥的功效。

材料

乌瓦红茶（70克）＋肯尼亚红茶CTC（30克）：100克

生姜：TSP 3匙

小豆蔻：TSP 2匙

肉豆蔻：TSP 1匙

柠檬草：TSP 1匙

用于唤醒精神的混合茶

柑橘系的香柠檬油的香气，因伯爵格雷红茶而被众所周知，但用其制作的茶叶因进行了各种各样的混合，所以涩味也都各有不同。这里为了达到清晨让头脑清醒的作用，会尽量混合出清爽明快感。

材料

    伯爵格雷红茶（40克）＋努沃勒埃利耶红茶（60克）：100克

    薄荷：TSP 1匙

    柠檬草：TSP 1/2匙

    薰衣草：TSP 1/2匙

🍵 玫瑰红茶的混合茶

    最适合在想要营造华丽气氛的时候使用。这款混合茶的香气会让人想到蔷薇、紫罗兰、铃兰的花束。红茶中也有带蔷薇香气的，以乌瓦红茶、祁门红茶、努沃勒埃利耶红茶为基底，搭配真正的玫瑰花瓣、玫瑰果实和玫瑰粉。

材料

    乌瓦红茶（40克）＋祁门红茶（30克）＋努沃勒埃利耶红茶（30克）：100克

    玫瑰果实：TSP 2匙

    玫瑰花瓣：TSP 3匙

🍵 圣诞混合茶

    圣诞节的特别混合茶。在制作时要考虑到食品的搭配，更好地与烟熏三文鱼、乳酪、烤鸡、比萨等聚会餐点配合。

材料

    汀布拉红茶（70克）＋阿萨姆红茶（30克）：100克

    玫瑰果实：TSP 2匙

    柠檬草：TSP 2匙

    肉桂：TSP 2匙

    丁香：TSP 1匙

【专栏】
用红茶保持身心健康

红茶作为健康饮料的效用

"红茶多酚对因紫外线引起的炎症诱发性物质，有抑制性作用。"

对人类的皮肤细胞进行紫外线 UV-B 照射后，将其转移到含有红茶多酚的培养基中，检测其中诱发炎症的物质 TNF-α 的含量。其实验结果是，红茶多酚对炎症诱发性物质具有抑制性作用。将浸润了红茶的湿布外敷在受到日晒的皮肤上，能够缓解皮肤炎症的发生。

此外，让红茶呈现出赤红水色的茶叶黄素能够改善因紫外线导致的皮肤粗糙，迄今为止都认为维生素 C 是应对日晒的有效办法，但现在看来，红茶在应对日晒方面也有很大的效用。

第六章

红茶与食物的相性

红茶与食物

让食物变得更美味的红茶威力

　　法国人和意大利人在吃牛排烤肉的时候会配红葡萄酒。也许你会觉得震惊，但其实这些菜肴意外地跟红茶也很配。实际上，红茶中含有的儿茶素跟红葡萄酒中含有的多酚具有一样的功效。

　　实际尝试一下就会明白，乳脂肪和肉类中含有的脂肪、植物性油脂能够被红茶中含有的儿茶素有效分解，让口齿间残留的脂肪溶解流出，恢复清爽的状态。

　　不论什么食物，都是最初那一口最能感受到美味。一口一口地吃下来，却会慢慢习惯味道，而脂肪和油脂黏附在口腔内，残留其中，又会影响味觉对后面吃进口中食物味道的判断。让口腔尽快恢复到最初那一口的清爽状态，就是红茶的威力了，这样就可以一次又一次地品尝到仿佛是第一口品尝般的美味了。

　　葡萄酒有侍酒师，会为客人选择跟食物相配的葡萄酒。在红茶的世界也是一样，存在着跟食物最相符合的红茶搭配。像这样红茶和食物的组合，即被称作"最佳配对"。

　　在最佳配对中最重要的是像葡萄酒的侍酒师那样，充分考虑红茶与食物的相性。例如，午茶时间的饮茶，用什么红茶最相配？热红茶比较好还是冰红茶比较好？红茶比较好还是奶茶比较好？红茶味道香气的个性采用什么样的比较好？……

　　考虑什么特性的红茶最为搭配的时候，最重要的是要清楚食物的味道、香气和口感——是烤制点心还是日式点心，巧克力是苦的还是甜的，乳酪的种类，鱼或肉的风味，有无药草和香料，然后最重要的是所含脂肪和油脂的浓度。

食物中乳脂肪、脂肪、油脂的含量越高，越需要搭配儿茶素含量多的茶叶。红茶能够将脂肪和油脂分解，这样更容易品尝到后面吃到的美食的味道和香气。

这种情况下，红茶不是主要角色，食物才是主要角色，如何让吃到的食物更好吃，才是红茶所要呈现的目的。不要将西式点心和蛋糕混为一谈，含有丰富乳脂肪的新鲜奶油类甜点、蛋奶类甜点、黄油类甜点、乳酪类甜点以及烤制点心等，充分考虑到大家全然不同的个性是非常重要的。

其他还有类似炸面包圈等油炸点心，而哪怕只是日式点心也有很多分歧，要以脂肪和油脂含量为主要着眼点，考虑各款食物的特性，选择出与之匹配的红茶。

食物与红茶、奶茶

从分解食物中的脂肪和油脂的角度来说，相比含有乳脂肪的奶茶，当然是红茶更能带来清爽感。不过，考虑到进食时实际上的感官感受，有些情况下用爽口的奶茶搭配效果更好。

这种情况下，用于闷泡奶茶的牛奶一定要是低温杀菌牛奶，这是不可动摇的原则，这样的牛奶才有爽口的口感。为了缩短口腔中牛奶的残留时间，与浓奶油、黄油、乳酪等一起饮用，起到分解食物中脂肪和油脂的作用。在那之后，就是低温杀菌牛奶的特征——轻快爽口的感觉，能够轻巧地解除口腔中的脂肪残留感。

也就是说，浓重的脂肪、油脂会在同样的轻脂肪中流走，这就和油污可以溶于油脂而脱落是一个道理。

反过来，植物性油脂选择含有低浓度油脂成分的红茶会更适合。在植物中不含乳脂肪的情况下，奶茶的乳脂肪是新添加的，即使是低温杀菌牛奶，也会有残留感。

所以结论是，在食用黄油、乳酪、奶油、肉类、鱼类等脂肪含量较多的食物时，奶茶要更为适合。而在食用不含有脂肪但含有轻微植物性油脂的食物，或是完全不含脂肪的日本菜、日式点心等食物时，红茶要更为适宜。

与食物相合的红茶的温度：热茶还是冰茶

和食物一起享用红茶的时候，红茶的温度也会改变食物的风味。

热茶可以让乳脂肪、肉类、鱼类等的脂肪流出，变得清爽。可如果在夏日炎热的地区进食或是食用拉面、烤肉等盐分、脂肪含量较多的热食时，还是冰茶更为适合。

清爽感能够让下一口的食物变得更加美味，但偶尔会有希望享受余韵的情况。特别是在品尝西式点心、日式点心等甜品类的时候，啜饮着热茶，能够让红茶与甜点的风味完全融合在一起，充分享受余韵。这种情况下红茶的温度要在60℃以上，才能更好地享受后味。

另一方面，用较快的速度吃掉很多食物的时候，也会想饮用饮品。类似寿司、烤鸡肉串、烤肉、乳酪等，在享用这些美食的时候，推荐选择能够在吃完后立刻饮用的，稍微有些温吞的40~50℃的红茶，它能够让口中快速恢复清爽，这样就能立刻享受下一口的美味了。

有没有与常温红茶相配的食物呢？这个只要想到饮用红酒时的情况就不难明白，红酒与肉类菜肴相配的时候，并不进行冰镇，而是常温饮用。这样后味会更清爽，是跟餐食十分匹配的做法。这一点在红茶上也同样适用，在与肉类菜肴同时享用红茶的时候，可以试试搭配常温的红茶。

红茶的温度与食物的相性

红茶的温度	食物
热茶 60℃以上	蛋糕、烤制点心、日式点心、乳酪
热茶 40～50℃	寿司、炸天妇罗、烤肉、中国菜、比萨、三明治
常温 8～10℃	牛排、汉堡排、意大利菜、法国菜
冰茶 3～5℃	意大利菜、法国菜、鱼类菜肴、咖喱、拉面、烤肉、汉堡包

根据涩味、浓度了解食物的相性

食物	砂糖点心、羊羹、馒头、乳酪、奶油	烤制点心、西式点心、烤肉、烟熏三文鱼、乳酪	三明治、汉堡包、西式点心、日式点心、意大利菜、法国菜、牛排、乳酪	日本菜、中国菜、意大利菜、法国菜、日式点心、炸面包圈、汉堡包
涩味浓度	大吉岭红茶（涩味较强的红茶）、努沃勒埃利耶红茶	祁门红茶（有浓重感的红茶）、卢哈纳红茶、阿萨姆红茶	汀布拉红茶（中等程度涩味的红茶）、尼尔吉里红茶、肯尼亚CTC	康提红茶（涩味较弱的红茶）、日本红茶

英国的红茶与食物

司康饼与奶茶

在英国，司康饼和奶茶的组合被称为"奶油茶点"，可以说是红茶与食物间的"最佳配对"了。

司康在外语中有着"满满一口"的意思。司康饼是在小麦粉中加入酵母和鸡蛋，加入黄油和砂糖充分搅拌后放入烤炉烤至松软而成，是介于面包和饼干之间的一种点心，非常朴素，如果只是这样食用，绝不会认为好吃，吃起来干巴巴的，口感粗糙。

可是，如果在上面抹上草莓果酱和司康饼专用的凝脂奶油一起食用，经过甜味和奶油的滋润，会和司康饼温和的口感一同在口中弥漫开。这时候喝上一口奶茶，附着的奶油会迅速流掉，让人想要继续食用下去。

奶茶可以让司康饼中含有的黄油和上面抹的凝脂奶油的重脂肪一下子变得清爽，就像把口腔中弥漫的脂肪一下消除掉一样。

而奶茶的清爽感全凭低温杀菌牛奶，就是这种清爽感，让司康饼变得美味了。

奶油女王——凝脂奶油

对于司康饼来说，必不可少的就是凝脂奶油。它在英国备受好评，被称作奶油中的女王。

凝脂奶油是英国西南部某些地方从2000年前就开始制作的传统奶油。它的制法是在公元前500年左右，由腓尼基人传给英国人的。那时候并非使用牛奶，而是使用山羊奶来制作的，最终，被产奶量更多的奶牛所产的牛奶替代。

从古时候传下来的凝脂奶油，很少使用工厂化的设备进行加工制作，时至今日，依旧采用手工制作的方法。将（可以制作奶油系列产品的）低温杀菌的不均质牛奶倒入广口的浅锅中，盖上锅盖，进行冰镇，等待奶油浮至上部。接下来，把锅放在火上，用文火煮一个小时左右，至上部覆盖一层金黄色的油脂膜，确认无误后即可关火，让其慢慢冷却。将浮在上面凝结成固体的奶油用汤匙舀出，放入冰箱中冷却完成。

加热牛奶时将其煮沸，会有一层膜浮在牛奶表面，这是蛋白质和乳脂肪凝结形成的，能看到一点点茶色的斑点。这被称作"奶壳"，在手工制作凝脂奶油中是个十分熟悉的印迹，如果有这个，就一定会美味。

制作凝脂奶油需要花费时间和精力，为了在低温下操作，要在口中含雪，优雅地制作。这正是能让司康饼变得更加美味的自信所在。

奶茶与乳酪的相性

乳酪和红葡萄酒是相性契合的美味搭档。乳酪强烈的味道、脂肪成分，能够被红葡萄酒完美地去除，使乳酪变得容易入口。不过，即便明白红葡萄酒是最好的搭配，却并不是每个人都能够饮用红葡萄酒，小朋友或是无法饮酒的大人也有很多。而乳酪作为婴幼儿的离乳食品，食用是很有益处的；对于高龄老人来说，乳酪也是能够享用美味的高营养价值食品。而且在欧洲，乳酪是最受人们欢迎的食品之一。

作为红葡萄酒的代替品被人们饮用的就是奶茶。在英国，红茶和乳酪是日常搭配。早饭当然如此，下午茶的三明治也一定会食用乳酪。即使三明治不放乳酪，在吃面包或是饼干的时候，大多也会搭配乳酪食用，并配以红茶。

　　尝试一下红茶与奶酪的搭配，切达奶酪、有着蓝色霉纹的斯蒂尔顿干酪、有着白色霉纹的卡芒贝尔奶酪、有孔洞的埃曼塔尔干酪、味道浓郁的米莫雷特芝士，无论哪种都很搭配，宛如葡萄酒一般能够完全匹配。

　　只不过不论哪种，都只能搭配奶茶一起食用。而且，用于制作奶茶的牛奶如果不是低温杀菌牛奶，那么搭配效果就会大大削弱。理由在于奶酪的重脂肪会附着在口腔中，特有的臭味会弥漫其间。能够让其快速恢复清爽状态的就是饮用加入了低温杀菌牛奶的奶茶，让重脂肪溶于牛奶的轻脂肪中并流出，浓厚的乳酪味就能清爽地一扫而空。

　　这种清爽感，与饮用红葡萄酒令其溶于其中消散几乎一模一样，唯一不同的在于，红葡萄酒在奶酪消失之后，会长久地残留下葡萄酒的酸味和香气。而另一方面，如果是红茶，在奶酪溶于其中流出后，只会留下红茶和牛奶的隐约香气，残存感较弱。

　　奶酪从口中消失后，会想要再吃下去。也就是说，会形成想要美味地吃奶酪的冲动。吃奶酪，喝红茶；喝红茶，再吃奶酪。奶酪那一点点的咸味会越发地勾起人的食欲。

红茶与甜点

巧克力与红茶

巧克力给人们留下了甜甜的印象，但这其实是砂糖的甜，可可豆本身有着极强的苦味。能够将这种苦味中和，让食客感受到自然的甜味，提高愉悦感，就是红茶的功效了。

砂糖的甜味和牛奶的奶味在缓和苦味上起了很大的作用，因此在搭配奶茶的时候，与茶叶涩味强劲的红茶相比，采用口味浓厚、有着能与巧克力融合的芬芳的阿萨姆红茶、祁门红茶、斯里兰卡的卢哈纳红茶等来调制奶茶，效果更佳。

在食用巧克力的时候，口腔中会残存有苦味的余韵，饮用红茶时，它会与脂肪一起溶于红茶流出。此外，在混搭茶中，有着甜味的香料肉桂同红茶一同析出，能够让巧克力的苦味变得柔和起来。

在茶壶中闷泡肉桂茶，然后制作成奶茶。因为即便同是肉桂奶茶，但像印度拉茶那样煮出来的要更浓厚，与巧克力蛋糕或是奶油并不搭配。无论如何，还是更推荐清爽的奶茶。

水果蛋挞和红茶的相性

不含有脂肪和油脂却有着酸味的水果，与红茶即使放在一起，也丝毫不搭。它们搭配在一起会让水果和红茶都更加苦涩，难以下咽。可是，将水果与奶油搭配在一起制成蛋挞，就完全是另一回事。口中的水果丰盈多汁，与新鲜奶油乳化为一体。而红茶与脂肪油脂极为相合，能够形成风味，这样哪怕是难以应对的水果也可以克服。

能够与其相配的，果然还是奶茶更好，只是需要根据搭配的水果选择用于闷泡的茶叶。下面就介绍几款茶叶与蛋挞搭配的种类。

橙子、葡萄柚、夏橘、猕猴桃、菠萝的蛋挞 ➡ 茶叶：伯爵格雷红茶。

蓝莓、草莓、香蕉、芒果、木瓜的蛋挞 ➡ 茶叶：阿萨姆红茶、卢哈纳红茶、祁门红茶。

蜜瓜、猕猴桃、巨峰葡萄、麝香葡萄、桃子、梅子的蛋挞 ➡ 茶叶：大吉岭红茶、乌瓦红茶、努沃勒埃利耶红茶。

想要尝试搭配与红茶的味道香气相似的水果蛋挞，为了不突出红茶的涩味，在用量上可稍作减少，令其柔和析出，与水果、奶油完美搭配。

此外，不使用奶茶，而是配以同款水果制成的水果茶也是可以的。

草莓蛋挞 ➡ 草莓红茶。

柑橘系水果蛋挞 ➡ 橙子红茶。

香蕉、芒果、木瓜蛋挞 ➡ 香蕉红茶。

如果是夏天饮用，也可以做成水果冰红茶搭配饮用。

烤点心、蛋糕、饼干与红茶

像曲奇饼干、饼干等，以小麦粉、黄油、牛奶为主要原料制作的朴素的烤制点心，是传统上与红茶最相匹配的点心。它们吃下去既没有乳脂状也没有湿润感，口腔中是干燥的状态，更容易表现出红茶清爽的口感，让美味加倍。

搭配红茶或是奶茶的时候，能够激发出各自食材的风味，表现出食物自身质朴的美味。不过，当搭配加入了香料、药草、水果等的混合茶时，朴素的烤点心的风味也会随之发生微微的改变，产生全新的味道。

以口味质朴的烤薄饼为例，一边食用烤薄饼，一边饮用由乌瓦红茶闷泡的红茶、奶茶以及加入了肉桂、生姜的花式红茶，单是想象这不同场景，似乎就能感受到口中烤薄饼的口味发生的不同的变化。因为饮品发生了改变，会让人产生错觉，仿佛吃到了口味不同的烤薄饼。

红茶

能够强烈地感受到烤制点心本身的特性，不过，因为缺乏附加值，就只是其质朴的原味而已。

奶茶

在烤制点心上增加了乳脂感的风味，能够感受到更加温和的味道，点心的质感增强了。

加入了香料、药草、新鲜水果的花式红茶

在烤制果子上附加了各种各样副材料的风味，改变了它原本的味道和香气。

如果厌倦了经常食用的点心或是想要改变下氛围，那就可以采用花式红茶来做出改变，可以享受到全然不同的风味。可是，不管怎么说，还是要品味原本烤制点心的味道，因此，红茶和奶茶终究是最棒的经典搭配，这点毋庸置疑。

油炸点心和红茶的搭配

面包圈、油条、"开口笑"、炸包子、炸仙贝、江米条等都是我们熟知的油炸食品。还有英国的鱼和薯条、快餐的汉堡包店的招牌鱼肉汉堡包、天妇罗、炸竹荚鱼、炸猪排，无论哪种都是油炸食品。

与这些食物最相搭配的饮料，最能让口中恢复清爽、增进食欲的就是红茶了。上述这些油炸食物都能和红茶完美相配，饮下一口红茶，口腔中的油脂就能迅速消失，使口腔恢复清爽，令人身心愉快。

在茶叶的选择上，会给食物的风味带来变化，但这作为展示来说也很有趣。在英国，鱼和薯条的搭配固定是奶茶，搭配的调味汁是鞑靼酱或蛋黄酱，也会产生乳脂感，这个搭配平衡感是显而易见的。

脂肪和油分少的日式点心、砂糖点心

日式点心是日本传统的点心，固定的饮茶搭配是日本的绿茶。羊羹搭配玉露和煎茶，甜味较重的点心搭配涩味较重的粗茶。口中留下甜味的时候，饮一口涩味的茶，在两种相反的味道刺激下，能让口腔恢复清爽。然后再次吃下甜美的食物，会感到新鲜，因而觉得美味。这与在吃年糕小豆汤的同时吃咸菜或是海带，是同样的道理。

可以想象一下搭配红茶的场景，羊羹或是包子等都不含脂肪、油脂，与这些口味极甜的日式点心相对，清爽的红茶的涩味也与它们极为匹配。

红茶不像绿茶那样有着大量的纤维质，其风味是由儿茶素和咖啡因来主导的。因此，相比于绿茶，红茶能够让口腔内的感觉更清爽。另外，红茶有着干脆的口感，残存感较弱，重度的甜味与红茶的涩味可以说是相得益彰。而且，红茶是发酵食品，有着更为广泛的香气，无论同哪种日式点心的香气都能融于一体，不会残留个性。即不会影响日式点心的个性展示，能够缓和强烈的甜味，起到清爽口感的作用。

适合与日式点心搭配的茶叶有大吉岭的春摘茶、夏摘茶、秋摘茶、祁门红茶、乌瓦红茶、努沃勒埃利耶红茶等，可通过调整茶叶的剂量调节浓度，多方面调和来进行应用。

新鲜水果茶和点心

　　弥漫着新鲜水果香气，有着华丽展示效果的新鲜水果茶，可搭配新鲜水果制成的蛋挞、水果派、奶油蛋糕、果冻点心等一起食用。

　　水果茶能够给人以季节感，提供应季的点心更能提升魅力值，在香气和视觉层面达到更好的展示效果。

香料红茶与点心的关系

　　香料即使只用一点点，也仍旧保持着强烈的特性，成为味道和香气的突出特色，容易对甜点或事物产生影响。不过如果是从制造效果的角度来说，也能带来美味或新鲜的风味，从而受到大家的喜爱。香料红茶与点心的各式搭配繁多，下面就列几个例子。

肉桂茶

　　巧克力、巧克力蛋糕、口味独特的奶油蛋糕、苹果派、炸面包圈、曲奇饼干。

生姜茶

　　羊羹、包子、水果蛋挞、奶油馅点心、曲奇饼干。

小豆蔻茶

　　柠檬蛋糕、柠檬派、香橙奶油蛋糕。

丁香茶

　　曲奇饼干、圣诞布丁、水果奶油蛋糕。

肉豆蔻茶

　　曲奇饼干、水果奶油蛋糕。

马萨拉茶

戚风蛋糕、奶油蛋糕、黄油蛋糕、饼干类、炸面包圈。

调制闷泡这些红茶的时候，注意香料的用量要尽可能少，以增加风味的程度来考虑用量。当食物中含有奶油类脂肪成分时，推荐调制对应香料的奶茶，会更美味哦。

和冰红茶相配的点心

在饮用冰红茶时，基本也是从三明治到甜点类，全部都可以搭配。只是，根据温度的不同，口腔中的脂肪油脂恢复清爽的口感也有所改变，不能如同热茶一样，变得完全清爽起来。

冰红茶跟冷藏的点心也很相配。

水果果冻、布丁、巴伐利亚蛋糕、（水分多的）羊羹、冰淇淋、雪糕类等，基本上使用香草冰淇淋、新鲜奶油的情况下，都可以搭配冰红茶。而不含乳脂肪的水果果冻等水果类的风味点心，也都可以协调搭配冰红茶。

红茶作为热茶来饮用是正统的做法，这种刻板印象由来已久。然而在用餐时，取代水而被饮用的冰红茶，却作为餐桌配茶而推广开来，大受欢迎。不论是日式点心还是西式点心，对于吃下食物后恢复清爽口感这一点来说，冰红茶非常有效。浓郁甘甜的冰红茶既可以作为嗜好品被饮用，也能够像这样跟食物搭配在一起，是应用范围极为广泛的一款饮料。

饮食与红茶

与盐味食物的相性

因为下午茶中的红茶和甜点的固定搭配组合被普及的缘故，使得红茶在人们心中有了刻板印象，难以突破这个范围。但实际上，在英国的餐食中，红茶也经常作为佐餐饮料。早餐自不必说，午餐和晚餐中也都会用到。

从这一点来说，红茶的用途非常广泛，和西餐、中餐等一切的食物都可搭配，一起享用美食。

其要义在于，食物和红茶搭配食用可以更加美味。无论谁都可以饮用，可以闷泡热茶或者凉茶，无论什么季节都可以提供。而且，跟红酒一样具有展示效果。因此，我相信总有一天红茶会普及到可以替代水成为餐桌饮料。

三明治与红茶的搭配方法

饮茶时不可缺少的就是英国的手指三明治。它的原料极为简单，基础搭配是黄瓜、鲑鱼、芝士、火腿。在切成薄片的面包上涂上黄油芥末，把这些材料一层层夹在其中就做好了。搭配的茶叶大多是英格兰混合茶，使用日常饮用的茶叶即可。

芝士、鲑鱼、火腿原本就含有脂肪，与红茶十分相配，即使有盐味也没有问题。黄瓜虽然不含有脂肪，但因为不是单吃黄瓜，在面包上已经涂抹了黄油芥末，口腔中有了脂肪的感觉，饮用奶茶就能够发挥作用。

这些三明治，通常不会考虑搭配奶茶，而会想搭配红茶食用。可是，黄油、鲑鱼、芝士都含有较多的脂肪，与奶茶的相性十分匹配，能够呈现出更美味的效果。

红茶的选择上，在饭店里会有很多种类，可自由选择。在食用烟熏三文鱼或是有着蓝色霉纹的芝士——斯蒂尔顿干酪、红色浓重的切达奶酪等时，搭配个性鲜明的正山小种或伯爵格雷红茶，能够达到叠加的效果，品尝到与众不同的美味。

与烟熏三文鱼、烟熏牛肉相配

在英国的高级饭店里点下午茶的时候，不要把所有的食物都点一遍，点一份烟熏三文鱼、三明治和正山小种即可，虽然三文鱼对英国人来说并不是特别昂贵的食物。

正山小种出自中国武夷山，作为世界闻名的红茶，给人一种古老的、级别颇高的印象。香气是被松烟熏制出的，有着东方神秘香气之称，被认为要在特别时刻饮用的红茶。能与这独具个性的香气搭配的食物很少，只有有着同类型香气的烟熏三文鱼或古典风味的切达奶酪可以与之搭配。

在知晓了这种特别仅有的相性之后，有所意图地点餐就显得特别内行。此外，茶点不要吃得太多，因为后面还有华丽的正餐等着你。红茶不仅仅是有着和食物匹配的美味相性，还作为日常生活中的一种生活态度而被大家所认知。

汉堡包、热狗与红茶

说到从美国传来的汉堡包、热狗，脑海中就会浮现出可乐、咖啡，但实际上在美国，最近也流行起用冰红茶来替代以上饮品的风潮。

这其中第一个理由是为了控制体重。可乐没有分解动物性脂肪的功效，而且因为使用砂糖做甜味剂，可以说是控制体重的大敌。可是，碳酸饮料同样也具有让人难以舍弃的功效——可以让汉堡包、热狗顺畅地吃下肚子，并增进食欲。

此时可考虑下红茶。首先，它无糖，可以饮用。其次，因为能够分解脂肪，给人以清爽感，有助于控制体重。最后，可以使口腔恢复清爽，能更好地感受美味。

在美国，是以朴素清淡的冰红茶为主流，当然热茶和奶茶也可以搭配。因为是快餐食品，使用袋泡茶就足够了，如果在自己家享用，可以在茶叶中放入少量香料，也可以让汉堡包变得更加美味。

香料，可以选用小豆蔻、丁香、肉桂，混合后的马萨拉也可以。也可以使用红茶，做成奶茶也十分相配。

与咖喱相配的红茶

印度、斯里兰卡的人会一边吃咖喱一边饮用拉茶吗？答案是否定的。在餐食过程中，他们会饮用一种叫作餐桌水的水。甜的拉茶或斯里兰卡奶茶是在吃完咖喱后，为了去掉香料的刺激性辣味和苦味饮用的。也就是说，是为了忘记吃掉的咖喱而饮用的茶。

不过，在食用咖喱的时候如果饮用凉水，那么咖喱中含有的肉类、鱼类的脂肪油脂就不能分解在水中，而凉水也会让口腔中的脂肪凝固，产生黏的感觉，令人不爽。因此，用常温红茶替代凉的冰红茶饮用，可以让儿茶素分解脂肪油脂，令其顺畅地流出，消除口腔中咖喱的残留。

咖喱的味道从口腔中消除掉，就又能吃到如同第一口般的美味，因此，搭配红茶可以让咖喱变得更加美味。

炸猪排、炸串、天妇罗和红茶

炸猪排、炸串和天妇罗用植物性油进行油炸，而且有着动物性脂肪，可以说，跟红茶最相配了。脂肪和油脂能够被儿茶素分解，油腻的感觉可以一下子变得清爽起来。

选择茶叶的时候，为了不影响炸猪排、天妇罗的食材，推荐使用个性较弱的正统红茶，如斯里兰卡的康提红茶、印度的尼尔吉里红茶、肯尼亚的CTC茶等。

茶叶的用量稍作减少，为的是闷泡出涩味较淡的红茶。因为是要在餐食中饮用，温度也不宜过高，稍微温吞一点，50～60℃可以啜饮的温度刚好，可以顺畅地饮用。

夏天，可以放两三块冰，令其冷却。可是，如果太冰太凉，就会让口腔中的脂肪和油脂凝固，反而会黏腻起来，变得沉重，使儿茶素难以发挥百分百的效用。为了达到终极美味，温度是十分重要的，要以食物为主、饮品为辅，做出最佳的相性搭配。

中餐料理中的红茶

说到中国人在餐中饮用的饮料，釜炒绿茶是固定搭配。此外，还有乌龙茶、茉莉花茶等，在油腻的中餐料理中，为了恢复口腔清爽而饮茶。

在中国，绿茶和半发酵茶是日常饮品，却没有饮用全发酵茶的习惯。因此，并没有在餐食中搭配红茶一起饮用的习惯。可是，如果红茶成为中国的主流茶文化，那一定不会有任何违和感，在餐食中也可以试着饮用红茶。

在让油腻感变得清爽这一点上，红茶比乌龙茶、绿茶都更有优势。此外，红茶的香气更为宽泛，与任何中餐料理的风味都能完美融合，不会有残存感。这也是其在清爽口感之外，能够令食物更加美味的原因之一。

茶叶选择涩味较淡、个性较弱的比较好，可以让中国人像大口饮用绿茶那样享用红茶。

意大利菜、法国菜中红茶的表现

无论是意大利菜还是法国菜，都是使用肉类和鱼类，以橄榄油、黄油、芝士、奶油为主体。为了让口腔恢复清爽，享受下一道美食，我们知道红葡萄酒或啤酒是最佳搭配，不过如果是不能摄入酒精的人或是无法饮酒时，那么红茶就可以取而代之发挥作用。

将红茶倒入红酒杯或高脚杯，使其能够符合西式餐点的餐桌展示需求。比起强调红茶自身特性，尽可能地激发菜肴的风味，使菜肴变得更加美味才是目标。

与葡萄酒不同，红茶还可以做成热茶佐餐。可是，绝不是热的状态，而是适于饮用的温度，大概50℃，即使倒入高脚杯也足以应对。

配合菜肴中使用的药草、香料，提供同类香气的红茶，展示效果会更加出众。如果是冰红茶，像是新鲜水果茶，一眼看去就和食物十分搭配，会为其增添华丽的色彩。

日本菜与红茶的精选搭配

在日本，用餐中也会饮茶，饮的是绿茶。但饮的不是玉露或煎茶，而是能够让口腔清爽的粗茶或焙茶。其目的和饮用红茶是相同的，为了无损后面品尝食物的风味，用茶让口腔恢复清爽状态。红茶也是茶叶的一种，与日本菜搭配不会有任何的违和感。当然，比起含有大量纤维质的绿茶，透明度更高的红茶能让口感更清爽，舒畅感更强，对料理风味的激发效果也更强。

例如寿司，金枪鱼腹、沙丁鱼这类青鱼脂肪含量较多，如果能舒畅地消解脂肪，鱼腥味也会同时消失，增进清爽的口感。另外，更不可思议的是，会让做寿司的醋饭越发甜美。

油炸豆腐包的寿司中，油炸豆腐含有油脂，而饭团也有很多金枪鱼、蛋黄酱、炸鸡块、天妇罗等含有油脂和脂肪的配料，就像是三明治一样。我想，油炸豆腐包的寿司和饭团作为茶点也会很受欢迎的。

鳗鱼、天妇罗、油炸食品中，无论哪个都含有脂肪和油脂。红茶中含有的儿茶素能够有效地去脂刮油，消除油腻感，在饮食之后恢复清爽的感觉。至于烤鱼、煮鱼、炖菜，当然也是可以搭配的。

作为与日本菜相搭配的红茶，有着朴素清淡涩味的都可以选择。添加香料或是药草则是全新的尝试，不过如果是日本人喜欢的柚子、橘子、夏橘等的皮，可以稍加一点，制成花式红茶来搭配也很有趣。

将红茶倒入日本的玻璃杯或是茶碗中也不会有违和感，能够呈现出与食物完美搭配的状态，即使在海外也很受欢迎。

红茶与食物的精选搭配

	意大利菜	法国菜	日本菜	油炸食品	鱼料理	肉料理	容易吃的芝士（白色霉纹类）、切达奶酪	有臭味的芝士（蓝色霉纹类）	日式点心	使用奶油的点心	巧克力点心	烤点心
大吉岭红茶	BI	BI	BI	BI	BI	BI	BM	BM	M	M	M	BM
阿萨姆红茶	BI	BI	BI	BI	BI	BI	BM	BM	B			M
尼尔吉里红茶	BI	BI	BI	BI	BI	BI	BM	BM	BI	BM	BM	BM
祁门红茶	BI	BI	BI	BI								BM
正山小种				BI	BI	BI	BMI		BI		M	B
努沃勒埃利耶红茶	BI	BI	BI	BI			M		M	BI		M
乌瓦红茶	BI	BI	BI	BI	BM	BM	M		M	BI		M
汀布拉红茶	BI	BI	BI	BI	BI	BI	BM	BM	M	BI	BM	BMI
康提红茶	BI	BI	BI	BI	BI	BI	BM	BM	M	BM		B
卢哈纳红茶	BI	BI	BI	BI	BI	BI	M		M	MI	M	BM
爪哇红茶	BI	BI	BI	BI	BI	BI	BM	M	M	BM	M	BM
肯尼亚红茶	BI	BI	BI	BI	BI	BI	BM	BM	BI	BM		BM
伯爵格雷红茶	BI	BI					BM	M				BM

B 推荐红茶

M 推荐奶茶

I 推荐冰红茶

既不是金银也不是宝石的红茶，却让英国自17世纪中叶开始执着追逐了3个半世纪。红茶不断出入亚洲各国，与美国独立也息息相关，在改变历史的事件中，红茶也担任着重要的角色。明明只是一种喝掉就消失不见的饮料，红茶到底有着怎样的魅力，能令本国无法生产的英国追逐不停？印度、斯里兰卡、印度尼西亚、非洲各国,英国在自己的殖民地各国中不断推行着红茶的种植培育。开拓者们为了能将送至本国的红茶栽培成功，不断开拓人迹罕至的原始森林，与猛兽和疾病做斗争，从谷底到山巅，种满了茶树。这些茶园一直传承至今，其生产出的红茶已成为21世纪的主要饮料之一，受到世界人民的喜爱。为了红茶栽培而贡献一生的人们，将红茶普及到世界各地的人们，为了获取利益，进行了无数纷争。红茶不单单是一种饮料,它有着给人带来幸福的不可思议的魅力。只有了解了跟红茶有关的人与事，才能更进一步地热爱红茶。

第七章

红茶的历史
与文化解析

茶叶的发祥与历史的开端

茶叶是在中国诞生并饮用传承至今的,这一点毋庸置疑。不过,从何时开始饮用的,这段历史太过久远,并没有明确的文献记载。

关于茶叶有个流传最广的传说——公元前 2700 年登场的炎帝神农（中国神话中的神,主管医药和农业）发现了茶叶,并将其饮用方法教授给了人们。在传说中,神农是教授医术并告诉人民火的使用方法的智慧之神。有一天,他在小河边汲水,想要煮沸饮用的时候,发现水中有几枚树叶,就一并煮了。没想到竟散发出特别好闻的香味,有着美丽的水色,试着饮用了一下,味道也很清新爽口。因此认为这叶子对身体有益,而实际上,这就是茶树的叶子。

被神农教授过的人们,知道了茶叶的使用方法和饮用方法,开始加工生产,并开始研究能够使其饮用起来更加美味的闷泡方法。

实际上,茶叶在历史文献中出现,是在《三国志》中。饮茶的习惯从汉代到三国时期,再到唐代真正得到了普及。到唐代经历了百年,在长安出现了茶店,文献记载了当时的人们只要支付等价报酬即可饮茶的事。

780 年,唐中期,文人陆羽著录了《茶经》一书,全文分为 3 卷 10 篇,详细记载了茶的种植、用途、制茶方法、器具、茶道具、闷泡方法等当时与茶叶相关的一切解说。由此,不仅是中国,茶叶也传播到了世界各地,有了广泛的发展。正是因为陆羽，茶叶才有了今日的繁盛。即使在今天，陆羽也依旧被人们尊称为"茶神"。

就这样，在唐朝时期开始普及茶叶，于782年开始设置了贡茶制度，茶叶作为税供由平民上缴。到了835年，又设立了权茶制度，作为交易的对象发展经济，自此茶叶在各地进行广泛的交易，在民众中越发得到了普及。

关于陆羽，有值得大书特书的民间传说。据说陆羽吟咏倒下树木的诗歌让人流泪，一边吟诵着这些一边在原野上走来走去，回来就写了这本《茶经》。他不仅从植物的角度来看茶叶，还写出了人们育茶、饮茶以及心灵交流中抒发的情感。茶因为人们的饮用而变得了不起，也许正是这精髓让世界各地的人民都了解到它的魅力。

在中国诞生了世界最初的红茶

中国的福建省，是以乌龙茶为代表的发酵茶的诞生地。据称，乌龙茶出现在 16 世纪后半叶，而几乎同一时间，武夷山星村镇桐木地区做出了世界最初的红茶。武夷山脉在中国的东南部，是作为福建省和江西省的省界分界的地标山地。主峰武夷山海拔高度 1155 米。桐木地区的制茶历史可以追溯到宋代末期，一直是制作绿茶的，直到 17 世纪前半叶才开始制作发酵茶，而这款茶就称作"正山小种"。"正山"指的正是武夷山，"小种"则是指自然生长的茶叶，有产量稀少的意思。也就是说，正山小种是由在武夷山自然生长的茶叶制作而成的红茶。

在中国茶研究方面极负盛名的吴觉农，在其著作《茶经述评》中记述了"1630 年，桐木地区制作出了小种红茶，这是红茶出现的端绪"。

现在，在桐木村制作正山小种红茶的是江氏一族的第 22 代传人江元勋先生，江先生对继承下来的红茶的诞生历史是这样说的。

战败后逃至此地的人们，采摘山上的树叶，制成绿茶去城镇中贩卖。不过，到了 16 世纪末期，乌龙茶被制作出来，在城镇中大受欢迎。因此，桐木地区的人们也想要制作出售价更高的乌龙茶，但由于技术难度太高，无法掌握只将生茶稍稍萎凋形成半发酵的技术。而且，由于村庄的海拔太高，气温较低，也不利于此种茶叶的制作。

　　他们将生叶萎凋，采用制作乌龙茶那样的方法，点燃了手边的松柏木。用燃烧的热量将茶叶中的水分蒸发，使其萎凋。由于工厂的设备条件差，松柏燃烧的烟凝聚不散，在生叶上附着了气息。再加上为了使其氧化发酵，进行了强力的揉捻，使得茶叶纤维受到了不必要的破坏，相比乌龙茶，成为发酵更为彻底的发酵茶。

　　从乌龙茶的角度来看，可以说是失败了，但实际上并不是这样。经过揉捻后，为了中止发酵，将其放入火中进行干燥工序。此时也有松烟凝聚其中，受到烟熏的茶就此做成了。

　　这种松烟味道的正山小种，有着与乌龙茶不同的独特风味。这是由武夷山的土壤、气候制作出来的茶叶所独有的香气，因制茶过程中经过了松烟着香而产生的，这种香气与本地出产的水果龙眼的干货极为相似。

　　龙眼是初夏的时候结出果实，果实直径 2 ～ 3 厘米，表面呈深棕色，被胎毛覆盖，剥掉表皮有着与荔枝相似的半透明果实，将其咬下去有隐隐的甜味，有着仿佛酸橙和梅子混合的酸甜香气，口感是硬的。生鲜的季节过去后会将其做成干货保存食用。

　　正山小种的香气正是与这龙眼的干货极为相似，因此还有一个别名，叫作"龙眼香红茶"。武夷茶在英语中被称作"Bohea"。这个香气虽说是失败了的香气，但不管怎样，对于英国人来说，"Bohea"意味着世界最初的红茶。

在英国是怎样传播茶文化的

中国茶最初传入欧洲是在 1610 年，荷兰东印度公司从中国的澳门和日本的平户买入绿茶，运至爪哇的万丹，再由此处中转，运至荷兰海牙。

在荷兰海牙，贵族和富裕阶层的人们对来自东方的珍贵茶道具、茶碗有着浓厚的兴趣，他们将荷兰饮食文化中没有的独特的茶叶闷泡方法和饮用方法作为东方乐趣，享受其中。此外，茶叶的等级非常高，是几乎与金银匹敌的高价商品，被放在银器或瓷器中，恭恭敬敬地用于款待贵客。将这样的茶叶端出时，为表权威，会放入高价的砂糖或藏红花，以进一步抬升其价值。人们挺直身子，造作地谈论着从未见过的中国、日本以及茶叶的话题。

茶叶先是传入荷兰，再由这里传入了英国，最初出现在伦敦的咖啡馆。1657 年，在伦敦的咖啡馆"Galloway"出现了中国茶。在当时，茶的价格是 1 磅（454 克）6～10 英镑，价格非常高昂。

"Galloway"的茶叶售卖方法做出了些许改变，不再以味道和香气为卖点，而是将茶叶的作用作为重点，店主在 1660 年将茶的 20 项药用效果罗列于海报上，进行了广告宣传。其内容，前面写着"东方的茶叶是高价的，饮茶能够有望维持健康，使人长寿，这在历史上已取得实证"；后半部分则介绍说"茶叶对头痛、失眠、胆结石、倦怠、胃肠不畅、坏血病、记忆

用中国茶碗饮茶的富裕阶层的人们。

力丧失、腹泻、惊惧多梦、腹痛预防等都具有疗效，和牛奶一起饮用还能预防肺病，对万病皆有疗效"。

　　英国最初的咖啡馆自 1650 年建成以来数量激增，据称至 1683 年，伦敦市内的咖啡馆数量已超过 3000 家。说到当时英国进口的到底是哪种茶叶，名为辛格罗的绿茶占了总体 2/3 左右，余下部分则是被称作"Bohea（武夷茶）"的发酵后的红茶（即"正山小种"）。在当初，对绿茶的需求量占了压倒式的优势，但受到英国硬度较高的水质影响，最终变成了全面进口红茶。

凯瑟琳将红茶由葡萄牙
带入英国

因将红茶带入英国而名留史册的王妃,正是凯瑟琳·布拉甘萨(Catherine of Braganza, 1638—1705)。她是葡萄牙国王布拉甘萨公爵约翰四世的次女,在两岁时就因为政治联姻许配给了当时只有十岁的英格兰王子,也就是后来的查理二世国王。

1662年,英格兰为了谋求国家财政的复苏,防止东印度群岛主权被荷兰独占,决定与葡萄牙结盟。24岁的凯瑟琳履行婚约,嫁给了刚刚复辟王位的查理二世,成为王后。

凯瑟琳在7艘船只的陪同下抵达了伦敦,带来的嫁妆包括印度孟买的领导权以及大量的砂糖、东方家具以及茶叶。这些茶叶是凯瑟琳出于自己的健康考虑所带来的作为"药品"饮用的饮品。

美丽漂亮而又气质高贵的新王妃受到了国民的热烈欢迎,但与英国女性相比,凯瑟琳有着黑色的长发和眼睛,她整日里穿着的葡萄牙宫廷礼服与英国当时流行的法国风服饰完全不同,被认为粗陋不堪,受到了贵妇们的冷言相待。

安东尼·汉默顿(Anthony Hamilton)就曾有如下记载:"新王妃嫁入我国,却未能给宫廷添彩,王妃姿容平平,甚至不及身边的随从。"

凯瑟琳·布拉甘萨，出生于葡萄牙，携红茶嫁入英国。

对凯瑟琳来说，这也只是一场不幸的婚姻。查理二世是有名的花花公子，毫不顾念妻子且反应迟钝。凯瑟琳与查理二世原本共同住在汉普敦宫，但被公认为最受查理二世宠爱的情妇克利夫兰公爵夫人芭芭拉·维利尔斯（Barbara Villiers）却扬言要搬进来一起住，引起了不小的骚动。面对丈夫接二连三不断出现的情妇……凯瑟琳为了排遣心中的寂寞，只能每天不断喝着从祖国带来的红茶。

英国的王公贵族间流传着这样的流言，说可怜的王妃以红茶来排遣国王外遇的寂寞。可是，红茶是只有富贵人家或是豪门显贵才能得到的，而凯瑟琳也会用这珍贵的红茶来款待到访的客人或贵妇们。于是，王妃的茶渐渐变得有名，成为贵妇们羡慕的高贵饮品。贵妇们之间有着这样的梦想——能像荷兰女性那样，每日一次用美丽的中国瓷器优雅地饮茶。因此，"茶是符合贵妇身份的饮品"这样的想法也流传开来。

直到1669年为止，凯瑟琳曾数度怀孕，却一直无法留有王室继承人。1685年2月，查理二世逝世，凯瑟琳继续留在英格兰，直到1693年才回到了阔别31年的祖国葡萄牙。

葡萄牙与荷兰一样，在对中国的贸易往来中并没有表现出对茶叶的特别偏好。但凯瑟琳在成为英国王妃后所带来的奢侈的饮茶嗜好，却为英格兰带来了红茶文化。

安妮女王推广的红茶是什么

　　继凯瑟琳王妃之后，让红茶成为宫廷中固定饮品的是安妮女王，她十分钟爱红茶。1665 年，降生于圣詹姆斯宫的安妮公主是詹姆斯二世和安·海德的次女，日后成了英格兰王国和爱尔兰王国的统治者安妮女王。她于1702 年 4 月 23 日继承王位，在此之前，1683 年安妮与丹麦国王的次子乔治王子成婚。这位乔治王子（1653—1708）实际上是个无法依靠的男人，口头禅是"诶，真的吗？"。另一方面，安妮自幼接受了新教徒的教育，信仰笃深，在成为女王之后也总是救济贫苦者，积极参与志愿者活动。

　　凯瑟琳之后，已经开始渗透进贵族社会的茶饮，也会被安妮用来款待宾客。茶饮作为"女王的红茶"，在贵族和贵妇中越发地大肆流行开来。

　　安妮和乔治共生育了 14 位儿女，但活到 10 岁的仅有 1 人，其余 9 位胎死腹中，剩下 4 位不满半岁均已夭折，并未留下王位继承人。安妮不论是作为母亲还是作为女王都过得十分艰辛，酷爱饮酒，整日里借酒消愁，被称作"白兰地·安妮"。1714 年 8 月 1 日，安妮因脑溢血，在白金汉宫走完了自己的一生，终年 49 岁。

　　生育 14 个儿女却都相继去世的悲痛是本人之外无人可以了解的。对她来说，无论是怀了孩子，还是死了孩子，都只会用一句"诶，真的吗？"来轻描淡写地反应，从不苛责半句的乔治或许是其唯一的救赎。不管饮用

安妮女王与丈夫乔治王子。

多少红茶，都无法治愈她伤痕累累的内心；而即便沉溺于白兰地，大概也无法遗忘那些痛苦吧。被称作红茶之国、酒精之国的英国，让人感受到其悲哀的，正是这位安妮女王。

以东印度公司为中心的
茶叶贸易

　　为了与亚洲地区进行贸易活动而设立的东印度公司，在英国、荷兰、法国之后，相继在丹麦、瑞典等国也各自设立了分公司。这其中，英国东印度公司也是先于其他诸国，在1600年12月31日就最早设立了。东印度公司是受伊丽莎白一世认可后建立的，其总部没有设在中国，而是设在印度，最初的主要交易商品为香料和平纹细白棉布等纺织品。在英国东印度公司的交易记录中，茶叶的初次登场是在1669年。

　　记录显示，在这一年，从荷兰进口了143磅（约合65千克）的中国茶叶。可是，在这之后并没有进行定期进口，英国真正开始进行茶叶买卖是在17世纪80年代以后。

　　另一方面，由于茶叶在贵族阶层的推广不断加深，荷兰的东印度公司于1637年开始定期采买茶叶。而英国在茶叶的进口和普及上，则比荷兰晚了近50年。

　　在那以后，英国东印度公司也并非直接从中国购买茶叶，而是购买中国船只或是荷兰船只运往万丹的货物。英国直接同中国开展茶叶贸易是在1717年，东印度公司设立100年以后。此后，英国的咖啡馆、茶叶商人开始积极进行茶叶买卖。

东印度公司的茶叶贸易。

英国东印度公司在18世纪初期进口的茶叶，以名为辛格罗的绿茶为主，占总体的2/3左右，其余的为高级绿茶，而红茶却只占总体的1/10左右。不过，到了18世纪中期发生了逆转，红茶所占比例有了压倒性的增幅。

英国东印度公司的红茶进口所占比例不断上涨，直至独占。进口的红茶需要缴纳关税。不久之后关税随着消费量的增加而逐步上涨，成为英国财政的一项基础收入。

贵族社会中流行的下午茶

18 世纪初期，在贵族社会中，茶叶是价格非常高昂的货品。其价格近乎"一把茶叶，一把银"的程度。当然，平民百姓是无法在一家团聚的时刻享受茶叶的，只有特权阶级的人们才能以财富的象征拥有茶叶，同中国的茶器一起，用茶叶来款待宾客。

当时，是将茶叶存放在如同宝石箱般采用红木等进行精美装饰的名为茶箱的箱子中，并配上锁以防盗。客人到来的时候，由管家恭恭敬敬地将茶箱搬出。再由主人从口袋中将钥匙取出，慢慢地打开锁，将存放其中的茶叶展示给客人。

将茶叶放入中国制的小茶壶中，倒入热水，再倒进茶碗。只是，这种小茶壶的壶嘴很小，偶尔会有茶叶阻塞其中。这时候，用莫特汤匙（有很多孔，柄是尖的）的柄刺壶嘴，将其疏通开。这个莫特汤匙稍后会作为滤茶器使用。

当时，砂糖和香料同茶叶一样，都是高价货品。红茶中被放入非常多的砂糖，能够将砂糖在日常生活中使用这件事本身，就是贵族的得意之处。由于过量食用砂糖而导致的龋齿，也是生活富裕的证明，将砂糖与高价的茶叶一起食用表现了贵族的奢侈。

对英国人来说，茶叶后来完全指代红茶。这个时期王公贵族们将茶叶

用高价的茶叶款待宾客，享受午后的红茶。

作为一种特别的饮品享用，男人完全将其作为财产进行管理，在使用高价茶叶款待宾客的时候，贵妇们是午后茶会的主角，而男人们也常常一起陪同出席。

　　用美丽华美的姿态闷泡茶叶的是女性，而另一方面，一家之主的男性也参与其中，是茶的主人。

为什么要在茶托中饮茶，因为
这是富裕阶层的象征

17 世纪中叶，从中国、日本传入的茶器都是没有把手的茶碗，而且并非现代茶杯那样能容纳 150 毫升左右的大尺寸茶具，而是用拇指和食指就可以捏住的小型茶具。用它来闷泡茶叶会很烫手，无法立刻饮用，因此会将热茶转移到茶碗下面所配的作为茶托的托盘中，一边冷却一边饮用。对于完全没有饮茶习惯的欧洲人来说，将茶碗下面的茶托用于让人匪夷所思的用途，是他们思考过后产生的滑稽的饮用方法。

在日本，茶也很涩，为了中和这样的涩味，人们会发出"嘶嘶"的声音啜饮，将氧气混入其中，能够感觉到甜味。这是将茶的口味变得醇厚美味的一种方法，但发出声音饮茶也许被误会传达为是东方式的饮茶方式。

把茶汤从茶碗中转入茶托中，挺直腰背，用揣摩出的姿态，发出巨大的声音饮茶，会受到他人的瞩目，而这正是饮用高价茶叶的富裕阶层的象征。

肩负了英国红茶历史的一族

开启英国红茶的关键人物是托马斯·川宁。1675 年，托马斯出生于英格兰西部的格洛斯特·佩恩斯威克，他的父亲是一位毛纺织工，遇到经济大萧条，1694 年全家迁至伦敦居住。

为了能够取得伦敦的市民权，托马斯为国家工作了 7 年时间，1701 年在东印度公司的商店任职，6 年后的 1706 年，31 岁的托马斯独立出来，在伦敦斯特兰德街开设了"托马斯的咖啡馆"，而川宁的历史也从这里开始了。

由于他曾在东印度公司的商店工作，因此对中国的茶叶非常了解。另一方面，英国的茶叶进口逐年递增，政府对此征收的税费变成大笔财政收入。到 1717 年为止，托马斯店里的生意发展得很顺利，为扩大经营，又买了两家店铺扩张，取了具有中国特色的店名——"金色狮子"。

托马斯经营的商品是红茶、面包、咖啡、酒精饮料，主要是锡兰的阿拉克烧酒、巧克力等。

1708 年，托马斯与玛格丽特结婚，养育了 4 个孩子。1741 年 5 月 19 日，托马斯离世，享年 66 岁。

托马斯死后，他的儿子丹尼尔作为第二代继承人继承了他的事业。1742 年初开始，进一步增加了从东印度公司进口茶叶的数量。此时在英国，饮茶已经成为极为普遍的行为，苏格兰的劳动阶层更是在废止琴酒以后，一边喝红茶一边吃早餐，红茶得到了大范围的普及。

　　第二代的丹尼尔在 1762 年，49 岁时过世，他与妻子留下了 4 个儿子。此后，他的妻子玛丽作为第三代继承人守护着店铺，而玛丽的儿子理查德为了协助母亲，14 岁开始在店里工作。从那时起，店铺作为"玛丽·川宁和儿子的店"被世人所知。

　　政府对于茶叶的相关税收逐年增加，18 世纪 50 年代的税款是 44%，到了 18 世纪 70—80 年代，甚至超过 50%，消费者开始寻求便宜的走私货或是粗劣的茶叶，导致正规红茶的消费量锐减。

　　1824 年，第四代继承人理查德·川宁的时代也宣告结束。自 1837 年 8 月 19 日维多利亚女王的统治伊始，川宁家族的第五代继承人理查德·川宁二世被下发了王室御用的许可证。对于川宁家族来说，这是最大的荣誉了。理查德二世在 1857 年辞世，享年 85 岁。他自 14 岁开始，用了 70 年时间编写了川宁红茶的历史。

　　从 1857 年开始，理查德·川宁三世和他的堂兄继承了川宁家族的产业。这一时期，东印度公司的茶叶独占权被废止，而随着美国快船的出现，使得自由竞争得以展开并不断加剧。阿里尔号、太平号、卡迪萨克号等竞速帆船在茶叶的货运竞争中展开了激烈的角逐。

　　1897 年，当时的管理者——第六代继承人理查德·川宁三世和他的堂兄隐退。此后，第七代继承人欧莎·詹姆斯·图伊德（1860—1934）、第八代继承人查尔斯·川宁（1868—1954）依次接受了川宁的家族产业。

　　现在，第九代继承人萨姆·川宁先生的儿子史蒂芬·川宁先生继承了他的事业，成为家族第十代继承人。我同史蒂芬·川宁先生自初次见面以来，已结交 20 年有余，虽然好几年才能见上一面，但总会在心中留下很多言谈话语。

　　在我经营的店迎来 20 周年之际，想着川宁悠久的历史，我说："这才只是第 20 个年头而已。"史蒂芬先生却说："川宁也有自己的第 20 个年头，没有经过那个时候，就不会有现在的川宁。"此外，他还说过："红茶不是卖出去的，而是被买走的。"从他的话中，能感觉到作为茶商传承的川宁家族所特有的姿态。

英国为什么降低了茶叶税

　　针对红茶的税费，最高的时期是川宁第四代继承人理查德（1749—1824）所处的年代。在18世纪50年代，营业额的44%要被征收赋税，此外，每磅还需加收1先令。到了1773年，税费已高达64%。人们对此极为不满，仿佛自己喝下的不是红茶而是税金。因为政府的税率节节攀升，为了逃避税费，走私货从荷兰大量涌入，因此由正规航路购入茶叶进行销售的茶商纷纷受到重创，甚至有的人因此而关门大吉。

　　川宁也从东印度公司购入了大量加了重税的红茶进行销售，但理查德在1784年赌上了性命向政府直接上诉说："税金越高，民间走私越盛。只有下调税率才能让正规品得以销售，政府也能增加税收。"

　　理查德的意见被接受了。1783年，时任首相的威廉·皮特进行了全面的税制改革，至1784年终于执行了减税法。

　　虽然有舆论担心会因减税导致政府税收减少，但实际上政府税收并没有受到任何的影响。1768年，英国的茶叶需求量是589万磅，到1785年则一路上涨到1085万磅。因茶商的交易量增加，这部分税收也相应增加，与此前理查德的估算完全相符。随着这一政策的实施，从荷兰走私进口的茶叶也消失不见了。

　　随着减税政策的推行，只用了一年时间，红茶的消费量就增加了66%。增加的部分实际上就是此前被荷兰走私进口茶叶分流的部分，如此巨额的隐性茶叶消费不再支付给荷兰，真是再好不过了。

　　理查德的直接上诉如果失败了，可能会被处以极刑。可是，"茶叶是给大家买的，因为大家而存在"，正是因为这样的川宁家训，才让理查德采取了行动。

引发波士顿倾茶事件的
红茶相关背景

　　1664年，纽约由荷兰殖民地（新阿姆斯特丹）变更为英国殖民地。同时，迄今为止的红茶供应方也理所应当地变更为英国的东印度公司。自此之后，红茶的价格一路飙升，平民百姓怨言纷纷，但即便如此，红茶的消费也未能衰弱，反而饮茶之风盛行。这是因为有荷兰商人的走私进口茶，让平民也能买到便宜的红茶。

　　并非只是红茶，英国接下来在各方面都加大了对殖民地的压榨。根据1733年颁行的《糖蜜法案》，对从印度群岛运输来的糖蜜施加高额税赋，1764年进一步颁行了《砂糖法案》。此外，英国还向殖民地派遣了大量军队驻扎，进一步激发了当地的不满情绪，一时间怨声载道。

　　让矛盾进一步激化的，是1765年英国议会通过的《印花税法》，一经公布，就立刻遭到了北美地区强烈的反对和抵抗。可是当时，英国议会认为每次增加苛税都会引发骚动，对此早已习以为常，并未想到会由此发展出后来的美国独立运动。

　　当时的英国政府没有试图解决矛盾，使得示威游行和抵制购买都日益激化，结果至1766年，英国最终同意了撤销上述法案。就此，至1770年，除了差税问题仅存外，其他条例都已被废止。

1773 年 12 月 16 日黎明发生的波士顿倾茶事件。

当时，中国广东扩大了茶叶贸易，而以荷兰的东印度公司为首的其他东印度公司购入茶叶总量超过了英国购买的茶叶总量。就是说，他们走私进口的茶叶不止销往英国本国，还出售给了北美地区，在逃避赋税的情况下得以大量销售。

北美地区的茶叶消费量巨大，相较于英国来的税金高昂的茶叶，人们更多的是购买走私的廉价茶叶。其结果就是北美地区英国茶叶销售量锐减，而东印度公司的大量茶叶囤积库存。因此，英国政府对北美地区展开了茶叶倾销，发布了苦肉计《红茶法案》。

作为应对，此前一直开展抗议活动的北美群众再次一跃而起，1773 年 12 月 16 日，60 名"自由之子"乔装成印第安人潜入了停靠在码头上的东印度公司的茶叶商船（"达特茅斯"号、"比巴"号、"埃琳娜"号），将 300 余箱红茶倾倒入海，这就是历史上著名的波士顿倾茶事件（也称"茶会事件"）。

这一事件成为北美反抗英国殖民统治的旗帜，在各地广为流传。10 日之后，靠近费城的货船因担心遭受袭击而调头开回了伦敦。翌年，在安纳波利斯靠港的货船被北美民众烧毁了。

这最终引发了北美独立战争，1776 年，美国从英国殖民地独立出来，美利坚合众国宣告成立。

鸦片战争与红茶有关

1784 年英国缩减了茶叶税，此后两年，川宁公司在 1786 年进行了如下的报告。

"波士顿倾茶事件前的 10 年间，本公司的茶叶销售量在年 600 万磅，此后的一年间，却超过了 1600 万磅。"

英国全国的红茶流通量在此 50 年间倍增，到 1800 年这一节点，已高达 2000 万磅，茶叶贸易规模巨大，中国甚至认为英国人没有红茶就无法生活。

随着茶叶进口量的增多，英国失去了大量白银。虽然英国也会用毛织品和显微镜等精密仪器来交换茶叶，但中国对其评定为绝妙的珍品没有表现出足够的兴趣。长此以往，中国只接受白银的流入，至 19 世纪英国的白银储备已明显不足。为了防止国力衰退，必须紧急寻找出交换商品。由此得出的提案，就是在印度孟加拉栽培成功的鸦片。

1834 年，当时每年有 1.6 万箱鸦片出口中国，到 1839 年，数量已增加到 4 万箱，两国交易情况发生了逆转，因茶叶出口换汇而流入中国的白银，这次则因鸦片而流入英国。

因为这样的贸易逆差以及吸食鸦片对健康的侵害，1838 年清政府出台了对鸦片的禁令。可是，被贿赂的贪腐官僚和商人们并没有贯彻政府的禁令，使得鸦片依旧蔓延开来。

　　1839 年，被任命为钦差大臣的林则徐受命禁绝鸦片，在广州没收了被英国认可的鸦片，并将其焚毁。以此为契机，英国发动了鸦片战争。1840 年 3 月，英国海军抵达杭州，接下来不断攻占了中国澳门、厦门、宁波、上海，中国战败。

　　1842 年 8 月，中英缔结《南京条约》，英国将香港岛收为殖民地，并以此作为据点；此外还要求开放了广州、厦门、福州、宁波、上海 5 处为通商口岸，允许英商在华进行自由贸易。可是，英国处于优势地位进行茶叶贸易也只在转瞬之间。1844 年，美国、法国与清政府签订了同样的通商条约，红茶贸易开始进入自由竞争市场。

在阿萨姆发现的红茶树

1820 年，印度的莫卧儿帝国为了与侵略阿萨姆地区的缅甸军战斗，借助了英国军队的力量，意图进行压制。当时，东印度公司军队的一员被派遣至阿萨姆地区，这就是苏格兰人罗伯特·布鲁斯少佐。

他曾任英国海军少佐，1823 年在靠近缅甸海峡的朗布尔处遇见了景颇族族长比萨加姆。当时，他从族长那里听说这里有茶树，但没能直接去看实物，他与族长约定，下次来的时候一定要拿到茶树苗或种子。

翌年，第一次英缅战争爆发，罗伯特·布鲁斯的弟弟 C. A. 布鲁斯被派往朗布尔。布鲁斯兄弟出生于苏格兰，哥哥过去在东印度公司的军队内负责将轻型武器和弹药供给到战场，组织自己的军队，升任为少佐。另一方面，弟弟追随哥哥后，16 岁的时候来到了印度。

C. A. 布鲁斯从哥哥那里听说了对英国来说是重大发现的生长在朗布尔的茶树，并被告知要从景颇族族长那里拿到茶树苗。1825 年，C. A. 布鲁斯拿到了茶树苗和种子，但同一年，他的哥哥去世了。C. A. 布鲁斯将茶树苗立刻送交给了当时派驻在阿萨姆的高官德伯特·斯科特大佐，剩余的则被栽植在罗伯特·布鲁斯的庭院里。

顺便一提，同一年，斯科特大佐也在阿萨姆的曼尼普尔发现了野生的茶树，并将其送往了加尔各答的植物园。他认为这是经过中国的缅甸北部传入阿萨姆的茶树，但植物园的学者认为这是山茶科的一种，与中国的茶

成功栽培出阿萨姆红茶的 C. A. 布鲁斯。

树不同，因此不予认同。

在哥哥死后，C. A. 布鲁斯依旧留在阿萨姆，发现了野生茶树与当地人的茶树的关联，确信这才是从中国传来的茶树，因此下定决心，要在此地种植茶树。

自兄长发现茶树以来，他尝试栽培茶树长达 16 年之久，终于在 1839 年的 8 月 14 日，在加尔各答举办的茶叶委员会上获得了认可。他在委员会上是这么说的——

"一直焦急地等待着，茶树的发现是对于英国、印度，乃至世界人民的无限恩惠。我衷心地感谢深深地祝福我的祖国的神明。"

他在这块土地上用尽一生所栽培成功的阿萨姆茶树，被带到印度的各地、斯里兰卡、非洲诸岛、印度尼西亚等地进行栽培。继承了阿萨姆茶树发现者——哥哥的遗志，真正让阿萨姆茶叶诞生于世的，正是 C. A. 布鲁斯。

从对中国茶的执着到大吉岭茶的诞生

1840 年左右，虽然 C. A. 布鲁斯成功栽培出的阿萨姆红茶姑且被认定为红茶，但茶叶委员会和植物学家们总有一个无论如何都无法舍弃的梦想，那就是将从中国拿到的茶树，找一块与中国栽植地条件相似的地域栽培种植。

从中国拿到的茶叶，通过加尔各答的茶叶委员会之手被带到了印度各地，开始尝试栽种。1841年，A. 坎贝尔博士在海拔 2100 米的大吉岭开始了茶树栽培，这是世界三大名茶之一的大吉岭红茶的诞生伊始。以中国福建省武夷山为中心收集的数十万株茶树苗和种子，在南印度的尼尔吉里和阿萨姆等地栽植，却都无法扎根，最终都枯萎了。

植物学家罗伯特·福琼在 1850—1851 年乔装成中国人到武夷山进行了危险之旅，他将得到的茶树苗运往加尔各答，又将种子培育成幼苗，增加了 1.2 万株茶树苗，种植在喜马拉雅山脉的大吉岭地区。

大吉岭是印度最为浪漫优美的地方，也是唯一能够培育茶树的地区。山茶科的茶树喜欢山地弱酸性贫瘠的土壤，适于在有适度的云雾或小雨降临、冷热温差大的环境下生长。酷似武夷山岩山地质的大吉岭是中国种茶叶唯一能够生长的地区。

贝德福德七世公爵夫人
安娜·玛丽亚

伦敦往北 100 公里的贝德福德郡，有座传承了 450 年的名为"乌邦寺"的贝德福德公爵宅邸。

中国的红茶另当别论，英国人自阿萨姆红茶流入本国开始，在贵族社会中衍生出了从未有过的极端奢华的红茶文化。

1845 年左右，贝德福德七世公爵夫人安娜·玛丽亚（1788—1861）开启了英式下午茶。安娜·玛丽亚曾在伦敦的白金汉宫任女王陛下的宫内女官之职，卸任后则在公爵宅邸生活。

那时候，贵族的饮食生活，早餐称为"英格兰早餐"，品类繁多，极为丰盛。午餐则是将简单的三明治、水果和红茶装在茶篮中，到郊外野餐，吃得很少。可是，社交性的正餐要在音乐会或是观赏戏剧之后，最迟要到晚上 8—9 点。因为到晚饭之前都要忍耐饥饿，十分痛苦，安娜·玛丽亚便在下午一边饮茶一边吃些面包或者烤制点心。她还会将前来拜访自己的宾客招待至府邸内的接待室，用红茶和茶点招待她们，于是，这便作为一种社交习惯被广为流传。

她的下午茶是以同时享用红茶和食物为目的，而不是那种为了炫耀，将高价茶叶和茶器当作富有象征的茶会。

贝德福德七世公爵夫人安娜·玛丽亚

　　当时接待室的家具，因桌子十分矮小，上面放满了茶壶、茶杯等茶具，没有空间来摆放食物。在此考虑摆放名为"茶台"的三层置物架，在三层的碟子中，盛上三明治、司康饼、小蛋糕。台子抬高，不论放在地板上还是桌子上，都是可以用手取用享受的类型。而这，就是当今普及到世界范围的英式下午茶。

茶叶帆船的竞速，
这是运"茶"的竞争

　　18 世纪初期开始的中国茶叶的进口，是由英国东印度公司独家把持的特权。因此，并不存在与他国的竞争，往来于中国与伦敦间的货运船，速度并没有什么大问题。然而 1833 年贸易自由化以后，特别是 1844 年，以美国为首的西方诸国相继与清政府缔结了通商条约，在 1849 年废除了航海法后，自由竞争开始激化。而竞争的重点，则是各国的船只能将中国到伦敦的货运时间缩短多少。最为优质的茶叶是春天的头茶，那富含了春的气息的新茶，是茶商们竞相追求的重点。当时，是全靠风力加速的帆船时代，能够将早春茶以最快速度送抵伦敦的货船船员可以得到高额的佣金和奖金。

　　在这其中，英国东印度公司的船只体型巨大沉重，因此航行速度较慢，被美国研发的新型三桅船赶上，每次都极不甘心。然而茶叶受人追捧的程度也随着竞争而日益高涨，从中国扬帆出海，经过几日才能到达伦敦的港口，英国人十分热衷于对名为"Clipper"的快速帆船的竞速押注，赌它们的到港顺序。1856 年，甚至有茶叶商人公开表示将对最先将新茶运抵伦敦的船只支付超高金额的赏金。

　　史上留名的竞速数不胜数，但 1850 年 12 月，美国引以为傲的"东风"

号由香港启程，留下了 95 日抵达伦敦港的记录。所运茶叶以英国船只运送茶叶 2 倍的价格成交，受到了极大的批判。为了与此对抗，英国在 1853 年建造了"凯恩戈姆"号，战胜了美国船只，一雪前耻。

这其中较为有名的是 1866 年 5 月的竞速。参与竞速的有"阿里尔"号、"太平"号、"罗姆皮莱"号、"塞里卡"号等 11 艘快船。花费了 99 天到达了泰晤士河的港口，处于第一位的"阿里尔"号和"太平"号之间仅仅相差了 20 分钟，赏金由两艘船平分。

茶叶帆船中最为著名的是 1869 年 11 月 22 日下水的"卡迪萨克"号。它被称为最快的快速船，使其受到众人的期待，购入它，就是为了让其名副其实地肩负起将红茶运往英国的最关键的重担。

可是，随着时代的近代化，在"卡迪萨克"号入水的前六天，苏伊士运河开通了，这与此前绕过好望角相比，一下子缩短了航路。而且，随着蒸汽船的出现，甚至连三桅帆船都消失在人们的视野中。

苏伊士运河的开通与
茶叶贸易的影响

19 世纪中叶，运送红茶的帆船被称作茶叶帆船，它们从广东、上海、福州、香港等货运港口出发，最终抵达伦敦，一直进行着这样的茶叶竞速。航路从中国启程，经过中国南海，绕过好望角，差不多需要 100 ～ 120 天的时间。

1869 年 11 月 16 日，苏伊士运河的开通，跨时代地缩短了航路，但这同时也产生了极大的问题。因为苏伊士运河在当时，无法通过盛极一时的茶叶帆船。由于河道宽度较窄，而张帆航行的帆船会随风左右摇摆，为了避免事故的发生，只能通过蒸汽船。此外，受风向影响，帆船也会出现进退两难的情况，从而造成运河阻塞，无法通行。

苏伊士运河的开通，使得海运从帆船时代走入了蒸汽船时代，航运时间大大缩短。要说速度究竟有了多大的区别，以红茶的海运为例，使用茶叶帆船从中国到伦敦最快需要 90 天，换成蒸汽船通过苏伊士运河则仅需 28 天。这样巨大的速度差，使得竞速的理由已不复存在。

茶叶帆船的时代结束了。随之一同消失的，还有从中国进口的茶叶。自印度的阿萨姆红茶栽培成功以来，从印度进口的红茶以及印度红茶的消费都与日俱增，英国饮用的红茶主产地已经从中国转移到了印度。

运河的河道狭窄，帆船要放下船帆使用蒸汽机通行。

　　特别是红茶在印度的另一个殖民地锡兰岛（即斯里兰卡）的成功种植，使英国从长年寻求中国茶叶，转而到以消费自己一手栽培的印度、锡兰的茶叶为主，消费形态发生了改变。

从锡兰咖啡到锡兰红茶

19世纪中叶，伦敦市内大概有2000家以上的咖啡馆，那里会出售咖啡、红茶、果汁等软饮料。当时英国的咖啡不止是从阿拉伯、土耳其进口，还有从印度尼西亚、锡兰进口的。

锡兰后来成为英国的殖民地。在此之前，1505—1655年被葡萄牙占领，锡兰岛的南部种植的大片的肉桂、黑胡椒等传入了欧洲。将这些葡萄牙人驱赶出去之后，下一个涌入的是荷兰人，他们将当时在欧洲，特别是英国备受欢迎的咖啡树种植在这里。

1796年，英国对荷兰施压，将锡兰纳入自己的殖民地后，英国国内的咖啡馆迅速兴起，成为男人们社交的主要场所。而作为主角的咖啡，就是在锡兰栽培出产的。此后仅用了半个世纪的时间，锡兰就成为世界上最大的咖啡主产国，而所有权则牢牢地被英国人掌握。

锡兰在1845年左右开始，迁入了大量苏格兰阿伯丁附近的开拓者，到了1857年，有300平方千米以上的土地被开垦，变成了咖啡园。

此时，印度的阿萨姆已经成功地栽培出了红茶，农场主们都充分地了解到茶叶需求量的增加，但阿萨姆以外印度的其他区域都难以栽种茶树。因为知道难度巨大，所以当时还没有农场主想要将咖啡树替换成茶树种植。

可是到了1867年，从爪哇岛传入了一种会使咖啡树的树叶干枯的锈斑病菌，在极短的时间内席卷了各个农场，咖啡树都枯萎了。患了锈斑病的咖啡树会有铁锈色的细小粉末状斑点覆盖在树叶上，宛如长了铁锈一般，叶子全都掉落下来，最后连树干都枯萎了，这是一种非常可怕的植物传染病。其破坏力从东非经过南印度，在爪哇岛登陆，让野生的咖啡树和人工栽培的咖啡树一夕之间都不复存在。

农场主们拼命想要控制住疫情，但拔掉后重新种植的新苗还是会立刻干枯，完全是束手无策。农场主们被逼入困境，最终相继破产。

事到如今，大概只能放弃咖啡树了，他们站在荒废的咖啡园前，紧蹙双眉，一脸严肃地将树根一棵一棵拔出，再把替换植株准备好。而替换种植的已不是咖啡树，而是难以栽培成功的茶树。

锡兰红茶之神詹姆斯·泰勒

    锡兰的咖啡种植在 1845 年达到了巅峰，在这一年，出于投机的目的，英国皇室包括尚未开垦的土地在内，共买入了约 80 平方千米的土地为皇家御用地。在这样的热潮煽动下，大量开拓者一股脑地涌入了锡兰。锡兰岛上的"一掷千金"，成了英国人无人不知、无人不晓的新闻。

    此时，在苏格兰的偏僻乡村住着一个贫苦的少年，他也赶上了这个足以改变一生的机遇。这个少年就是詹姆斯·泰勒，后来被世人称为"锡兰红茶之神"。

    1835 年 3 月 29 日，泰勒出生于苏格兰北部的一个小村庄，家里是普通农家。他有 6 个兄弟姐妹，在 9 岁那年，母亲故去，父亲则立即再婚，他在继母膝下被抚养长大。

    泰勒很聪明，14 岁起，以教学实习生的身份在村子里的协会学校教其他小朋友念书。在他 16 岁的时候，此前去了锡兰的堂兄彼得·诺贝尔回国，推荐他去锡兰。

    1852 年 2 月 20 日，即将 17 岁的泰勒前往了锡兰岛，在科伦坡登陆。

    他受雇于康提一位拥有咖啡园的农场主普利德先生，在那里工作了 10 年时间。时至 1860 年，恐怖的锈斑病蔓延，导致大规模的咖啡园被毁，泰勒的农场也未能幸免于难。于是，农场主对在植物栽培上极具天赋的泰勒十分依赖，委托他种植金鸡纳树。这种树的叶子可以用于治疗热病，制

锡兰红茶之神詹姆斯·泰勒。

作成名为奎宁的药物，在缺乏抗生素的当时是非常贵重的植物。泰勒成功地栽培出了金鸡纳，一时间，解决了农场主们的危机。

以此次栽培成功为契机，1867年，32岁的泰勒引入了阿萨姆种的红茶树苗。泰勒和200名泰米尔劳动者一起，进入危险的山地，开发大型茶叶种植园。

该说泰勒是个天才好呢，还是说锡兰的土地环境刚好偶然地适合培育茶叶，在印度用了15年以上的时间都未能栽培成功的茶树，被他仅用1～2年时间就成功令其扎根锡兰了。

他同时也进行了制茶的学习，制作了新的揉捻机，将苗木进行杂交，培育出更强的品种。在他的带动下，死掉的咖啡园作为茶园重新焕发了生机。被拯救了的人们称呼他为"锡兰红茶之神"。

红茶王托马斯·立顿的登场

进入 19 世纪中期，英国红茶的需求量急速增长。这是因为红茶不仅仅在贵族阶层备受追捧，此时也已普及到了劳动人民的生活之中，红茶一举成为英国人生活中必不可少的饮料。

1866 年，英国的红茶进口量，印度茶与中国茶合计高达 1.02 亿磅。

1876 年上升为 1.49 亿磅，而锡兰红茶的进口量也留下了记录。

1883 年红茶进口量进一步攀升至 1.7 亿磅，这一年，锡兰红茶的进口量为 100 万磅。

印度红茶开始超过中国进口量是在 1888 年，这一年包含锡兰茶叶，进口总量达到 1.85 亿磅。此后进口量也持续增长，1890 年为 1.94 亿磅，1900 年为 2.49 亿磅。

对于英国商人来说，红茶的销售是极具魅力的生意。1880 年，当时 30 岁的托马斯·立顿（1850—1931）也成为其中的一员。

立顿的父母为躲避爱尔兰的马铃薯饥荒而迁入了格拉斯哥，在那里开了一间食杂店，托马斯就在这里降生了。孩童时代的他在贫苦的环境下被养大，从小就在父母的店里帮忙做事。9 岁开始，他一边上学，一边在文具店里打工，后来转到裁缝店挣学费。

13 岁的时候，他实现了自己的梦想，一个人到了美国，用了 6 年时间在百货店学习食品交易。19 岁的时候，他揣着在美国积攒的 500 美元资金

到访锡兰的托马斯·立顿。

回到了格拉斯哥。

　　1871 年 5 月 10 日，在自己 21 岁生日这天立顿拥有了自己的店铺。他的杂货店凭借在美国学到的搞笑广告和便宜的价格，以速度和新鲜度的优势，取得了极大的成功，到 1880 年已扩展到 20 家店。他的口号是"将产品从生产者手中直接购入""买卖的资本在于产品本身和广告"，而这些都是他妈妈教授给他的，即使在现代流通领域也是可以通用的名言。

　　立顿不止销售食品，扩大领域介入红茶的销售也是理所当然之事。最初他到红茶卸货的街区进货，但并不像其他商人那样，将购入的红茶按克重进行销售，他将立顿的名字写在上面，做了一个一个的独立包装，并大量堆放在店铺中，客人无须等待即可立刻买入。这样一来，人工费也得到了大大削减。为了保持品质的稳定，对茶叶进行了混合，被外界评论说"便利、美味、清洁、便宜"，受到了极大的好评。

他直接前往锡兰、乌瓦地区的茶园进行采购，开创立顿茶园则是在1890年。1891年，伦敦销售的立顿·乌瓦红茶取得了史上最高的售价。

立顿称这品质最高、售价最贵的红茶是"为了客户将最高品质以最低价格销售"，后来更向世界发出了"Direct from the Tea Garden to the Tea Pot（从茶园直接到茶壶）"的广告语。

他虽然只用了一代，并没有后世继承人，却就此与川宁比肩，作为世界红茶王而享誉世界。

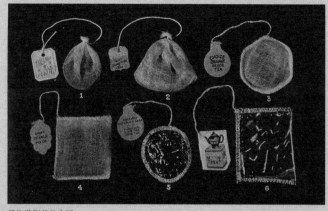

袋泡茶形状的变迁。

袋泡茶的发明改变了红茶的析出方式

　　1904 年的某一天，曾在纽约做过茶叶卸货商的托马斯·沙利文将茶叶一点点分装后装入绢制的袋子里，作为样品送到了茶商那里。当时正常的做法是将袋中的茶叶拿出来，装入杯中再倒入热水以进行茶杯鉴定，但茶商觉得——取出再行闷泡的过程太过麻烦，就将袋子直接泡在热水中，品尝茶叶的味道。

　　注意到这种方式极为便利后，袋泡茶的商品化也开始加速。最初被称为"茶球"，即用纱布将茶叶团团裹住。到了 1920 年左右，真正进入机械化生产的袋泡茶诞生了。茶包的材质从布变成了纸，茶叶也由大型叶变成了析出速度更快的细小的形状。

　　包裹茶叶的茶包材质从纸变成了合成纤维的不织布，近年来则变成了三角形的尼龙网眼茶包，进化为析出性更加优异的形状。使用茶包的便利性，便是省去了将茶渣从茶壶中扔掉的麻烦，析出的速度也更快，只要将其浮在热水中就能享受红茶的乐趣，如此的简便只有袋泡茶才能做到。袋泡茶自被发明至今已过了一个世纪，它的存在是无可取代的。

冰红茶是从美国开始，
想出来的却是英国人

　　冰红茶最早是从美国开始出现，这是无可争议的事实，但想出来的却是一位英国人。

　　1904 年，在美国圣路易斯举办的万国博览会，是史上规模最大的一次。会场面积达 485 万平方米，其中约有 1/4 的土地上建造了高达 1576 所建筑物。广阔的会场中有 17 个铁道车站，在为期 210 天的展会期间，入场者从世界各地涌来，共计 1280 万人到场。

　　能达到如此宏大的规模，是因为美国在 1883 年，用 1500 万美元从法国手中买下了包括路易斯安那州在内的广阔土地。自那时起，正好是 100 周年纪念，这也是举办万国博览会的原因之一。

　　而这里，也留下了红茶历史上的新篇章。英国的茶叶商人理查德在会场中宣传了红茶，他称"茶叶对身体健康很有好处"，并四处宣讲。但再怎么呼吁茶叶的功效，也无法将人们召集到一起。而且进入 7 月后，高温天气持续，人们即便想要试饮热的红茶，也实在是无法靠近。

　　他们煮好茶之后，想了一个办法，在闷泡好的热茶中放入冰块，呼喊大家说："尝尝看冰的茶怎么样？"在暑热中极为口渴的人们聚拢过来，像是发现了绿洲一般，蜂拥而至。

　　就是这样，将红茶中放入冰块，即成了"ICED TEA"——冰红茶。红茶是从中国、日本传来的茶，做成冷饮是不正确的饮用方法。英国重视东方的历史文化，将茶壶中闷泡出的热茶作为正统的饮用方法。可是，就算这是不正确的饮用方法，但随着气候和环境的改变，只要健康美味，喝起来心情愉快，也会受到大众的支持从而被接受。

　　美国不仅有冰红茶，还有柠檬茶、袋泡茶等产物不断诞生，推出面市。这些在经过了一个世纪的今天，在世界范围内被广泛地接受了。即便是不同的国家，文化习惯有差异，也不影响红茶成为受人喜爱的饮品。

【后记】
红茶特有的未来性的思考

从茶叶采摘思考未来

我初次到访斯里兰卡的茶园是40年以前的事，那时候对红茶还一无所知，也丝毫不感兴趣，只是去拜访在日本结识的斯里兰卡的朋友。在海拔1800米的努沃勒埃利耶，想要去喝当地啤酒的途中，看见险峻的山地上种植了密密麻麻的茶树，众多的采茶工穿梭其中，在进行茶叶采摘。看着这些匍匐站立在陡坡之上进行茶叶采摘的人，意识到这与日本的茶田截然不同。在日本，茶树被修剪成美丽的半圆形，井井有条地栽植其间，使用机械化的采茶机器，能够以人工的几十倍速度进行茶叶采摘。而且，所需的劳动力仅有几人而已。与之相反，斯里兰卡的茶园则是由大量的女性采茶工背着袋子或是茶筐，用手来进行茶叶的采摘。

一边看着一边想，这是多么浪费劳动力啊，采用这么无意义的方法，难道说世界第一的红茶输出国连采茶机器都不知道吗？

当时，我对红茶最为心动的是，如果我能将在日本使用的采茶机器贩卖到斯里兰卡，一定会成为一个巨大的商机吧。

可是，做梦也没有想到，就是这样在想去饮酒的路上偶遇了红茶，竟让我这样一个一无所知的年轻人在日后辞掉了工作，经营起了红茶店。

那么，现在在想什么呢？那就是从那以后经过了40年的今天，斯里兰卡的茶园依旧没有购入采茶机器，从未见到过。别说斯里兰卡，印度、印度尼西亚、中国的茶园时至今日也都是采用手工采摘。

日本是在合理范围内将劳动力压缩到最少，采用机械化，开始了未来型的茶叶生产。可是，其他国家为什么不引入机械化呢？总不可能是因为不知道有茶叶采摘的机械吧。

这个理由直到很久之后我才知道。在茶园工作的劳动者很多，人工费便宜，不能夺走这些人的工作。而茶园则处于山地，很多陡坡，采茶机器无法进入的区域非常多。采用人工采摘，可以在最靠近母叶的位置进行采摘，从而保护旁边新芽，这样才能促进茶叶的生长，获得优质的茶叶。如果引入茶叶采摘的机械，根据采摘的位置不同，会引发母体茶树的应激反应，从而造成茶树弱化，为了弥补就需要施加有效的化学肥料。与手工采摘的茶树相比，机械采摘的茶树寿命会缩短。

最初的时候，我单纯觉得是斯里兰卡的技术较日本落后，可是单单用合理化和经济效果是无法保护人与茶园的，由人工来接触收获是非常重要的。这并不是古老的采摘方法，或许这才是让消费者最为放心的未来的采摘方法吧。

说到底，今时今日的农作物，依旧采用人工收获的到底还有什么呢？稻米、小麦、土豆、玉米，过去都是采用人工收割的，现在也都实现了机械化。

红茶的制茶工序第一步是茶叶采摘。尽管工厂的机械每年都在不断进化，但最花费工夫的茶叶采摘却始终采用人工。那些妈妈是采茶人的小朋友，未来是不是也会走上采茶之路呢？

说到21世纪的饮料，主要就是水、药草和红茶。水有着无限的进化空间，药草则有着很高的机能性，那么红茶又为什么能跻身于未来饮料中呢？那就是因为它是"由人的手来进行收获的"。采茶人走在作物的旁边，直接进行接触，一片一片地进行茶叶的采集。因为人要进入茶园，要进行直接的接触，所以茶树上使用的农药和化肥都非常非常少。

人们入口食物的安全性，只要看看制作现场就能明白。茶叶的人工采摘就是这么一回事。

红茶成分的研究与发展

茶叶被称为东方的秘药，这传说中的效用传播到了欧洲，维护了人们的健康。1657年，最初将茶叶带入英国进行销售的，是伦敦一家名为"Galloway"的咖啡馆，当时主要宣传的不是中国茶的味道和香气，而是茶的药用效果。

其罗列的药效高达20项，制作的海报现今保存在大英博物馆。上面说明，茶叶对头痛、头晕、失眠、倦怠、胆结石、胃肠不畅、坏血病、记忆力丧失、腹泻、惊惧多梦、腹痛、肺病预防等皆有疗效。

当时所宣传的效用，并没有医学上的检验证明。可是，几百年来，不，在中国已经过了3000年，经过几十代人的尝试所形成的经验，无论是有益还是有害，可信度都极高。而这些在今天用科学来进行验证，也得到了证实。

有益的部分，是由茶叶中所含的儿茶素类的作用产生的。主要成分中，表没食子儿茶素没食子酸酯（epigallocatechin gallate，EGCG）占60%，其他还包括表没食子儿茶素（epigallocatechin，EGC）、表儿茶素（epicatechin，EC）、表儿茶素没食子酸酯（epicatechin gallate，ECG），总共4种。此外，还有一种被称作红茶多酚的茶叶黄素、茶红素。它们的抗菌、抗毒、抗病毒作用以及提高人体免疫力的效用，都得到了科学证实。

不仅如此，近年来还发现它们具有很强的抗氧化能力，对于防止老化有明显的效果。在预防成年人疾病方面，茶叶能够有效预防动脉硬化、高血压、糖尿病、癌症等。这是以日本的儿茶素研究学会为代表，集美国、印度、瑞典、中国等多国力量，为了更快发现茶叶成分中的众多未知效用，使其更好地对人体起作用，而日夜奋战推进研究的成果。

在我对茶叶还一无所知的时候，从祖母和母亲那里听说了一些事。住在乡下农家的祖母说，给农耕的牛喂食茶叶渣，能够让其充满干劲儿；给鸡喂食茶叶渣，则可以使它经常下蛋。肚子饿的时候，喝了粗茶就能够继续进行工作。母亲则对我说，感冒的时候，喝下放了砂糖的热茶，就能尽快退烧。撒上茶叶渣之后打扫，能够更好地除尘。泡茶的时候茶叶梗立起来，则会发生好事。

这些虽然没有经过科学的验证，但我却记忆至今。

红茶美味的发展

红茶，作为红茶本身就很棒。然后，将其端给他人，由其饮用就更棒了。

在红茶的历史上，最初极为珍贵，价格高昂，被王公贵族追捧，最终由富裕阶层推广至平民百姓。饮用红茶成为流行趋势，全家一起饮用红茶也成为幸福的象征。大家坐在一起共同饮茶，全家一团和乐。这展现出了红茶的独特魅力。

红茶，与时代一起发生着改变。自100年前袋泡茶出现以后，即使没有茶壶也能喝到红茶。不仅是热茶，放入冰块的冰红茶也备受欢迎。然后，将冰红茶放入极易获得的塑料瓶中，无须现场冲调，在超市、便利店、自动售货机都可以轻松获得。即便没有其他人，一个人也可以享受红茶的乐趣，品味红茶的人越来越多了。

美味到底是个什么东西呢？何况连食物都不是，只是一个饮料的红茶，其美味究竟到底是什么呢？

从制作红茶的质地变化来考虑，这数十年间，红茶的饮用方法和饮茶的场景都发生了改变，增加了大量的品种。在红茶中加入水果、药草、香料、牛奶、酒类等材料，制成花式红茶的品种极为繁多。特别是鸡尾酒在美国盛行，作为餐前酒的红茶鸡尾酒既健康又时髦，这种全新的感觉极受人们欢迎。

红茶本身作为一种素材被评价，人们鉴赏它的味道、香气、水色，是终极的饮用方法。而另一方面，也希望红茶能够随着食物所发生的巨大变化与发展，与其相匹配，在风味和视觉效果上不断地进化。

食物与饮料是一体化的，不能分开来各自做评价。不管多么了不起的酒或葡萄酒，都要与食物相性温和，其美味才能相辅相成。

红茶只是一种材料，如何使用、如何利用才能令其产生变化，使得红茶作为原材料的存在感更加凸显，才是最重要的。将红茶作为材料来考虑，那么商品开发的空间也更广阔。从红茶角度考虑副材料的相性，与其他茶类进行搭配组合，这些都使得红茶在与食物一体化的情况下，进一步得到扩展。

然后，必须要考虑红茶将在何种场合登场，当时是怎样的场景。下午茶的情况，运动或者是在户外，在早饭、午饭、晚饭的餐桌上饮用红茶，还有正餐和聚会中品味红茶。红茶登场的场景越多，其职能也就越加广泛，饮茶的场面就不断增加。

红茶饮料的未来化

2015年，从斯里兰卡进口的红茶中，45%由麒麟饮料公司用于制作"午后红茶"。1986年诞生的午后红茶，迎来了30周年。将析出的红茶装入塑料瓶中，透明度极高的水色任谁都会喜欢，极宜入口的美味使其颇具人气，作为红茶，在世界范围内建立了罕见的销售市场。

在世界红茶市场中，基础需求的是袋泡茶。在印度，大多采用F型茶叶或是CTC茶来手工制作印度拉茶，除此之外，还是以袋泡茶为主流。即使在日本，与绿茶的需求相对，袋泡茶以压倒性的优势占据消费的榜首。

麒麟饮料公司出品的午后红茶也是一样，主要分为有甜味的红茶、柠檬茶、奶茶3个种类，2011年又推出了无糖红茶，大受欢迎。无糖红茶接近于水，无论跟什么食物都很契合，是没有特别喜好也不会觉得讨厌的红茶。个性很弱，无论是谁都能饮用的温和风味，使其被大家广泛接受，或许这就是红茶未来的趋势吧。

伴随着未来化的进程，人类将不再使用体力，而是处于一种不必特别消耗能量的生活环境中，所需要消耗的变成脑力和精神上的压力。在这样的情况下，人类不再需求浓重的、有强烈刺激性的味道和香气，而是渴望能治愈大脑以及内心的柔软而清爽的味道。

说到红茶，不仅仅有浓郁的极具个性的香气，也会朝向微糖或是无糖，涩味较弱的红茶演化。过去，在英国曾经发生过产业改革，从事高强度劳动的平民们，相较于啤酒，更喜欢酒劲儿强劲的琴酒，喝红茶也喜欢浓得仿佛能立住勺子一般的浓茶。身体上的疲劳会使人寻求浓郁的味道和有着强烈刺激的味道。

未来的饮料则会是清爽的味道，低脂肪、低热量、有着高机能性的食品，这些，茶饮料都可以支撑，来创造未来的健康生活。

　　我认为终极的方向是无限接近于水。未来的水会改变水分子，使其更容易被人体高效吸收，最终进化到身体不适也可以用水来治愈吧。

　　可是，水并不含有机能性，而且也很难做出美味的风味。人体的80%都是水做的。在水之后就是茶饮料，我希望那会是红茶。

参考文献

浅田實 『東インド会社　巨大商業資本の盛衰』（講談社現代新書）1989 年

角山栄 『茶の世界史　緑茶の文化と紅茶の社会』（中公新書）1980 年

春山行夫 『春山行夫の博物誌 7　紅茶の文化史』（平凡社）1991 年

矢沢利彦 『東西お茶交流考―チャは何をもたらしたか』（東方選書）1989 年

滝口朋子 『お茶を愉しむ　絵画でたどるヨーロッパ茶文化』（大東文化大学東洋研究所）2015 年

荒木安正・松田昌夫 『紅茶の事典』（柴田書店）2002 年

川上美智子 『茶の香り研究ノート―製造にみる多様性の視点から―』（光生館）2000 年

デレック・メイトランド 『絵で見るお茶の 5000 年: 紅茶を中心とした文化史』（金花舎）1994 年

磯淵猛 『一杯の紅茶の世界史』（文春新書）2005 年

磯淵猛 『紅茶の教科書』（新星出版社）2012 年

磯淵猛 『紅茶ブレンド　茶葉の知識とブレンドティーの作り方』（MC プレス）2007 年

磯淵猛 『紅茶を楽しむ生活』（河出書房新社）1998 年

Ukers.W.H. 「All about Tea. vol1 & 2」（New York:The Tea and Coffee Trade Journal co.）

Twining.Stephen H. 「The House of Twining 1706–1956」（London. R.Twining & co.Ltd）

John Weatherstone 「THE PIONEERS 1825–1900」（London Quiller Publishing Ltd）

R.K.DE SILVA 「EARY PRINTS OF CEYLON 1800–1900」（London Serendid Publieations）

＊关于红茶的健康机能，参照以下文献执笔。

角山栄監修 『茶―〇八章　CHA』（福寿園）1990 年

佐野満昭・斎藤由美 『紅茶の健康機能と文化』（アイ・ケイコーポレーション）2008 年

島村忠勝 『奇跡のカテキン』（PHP 研究所）

山西貞 『お茶の科学』（裳華房）1992 年

朝日新聞　2015 年 2 月 14 日号（朝日新聞社）

日刊工業新聞　2012 年 1 月 7 日号（日刊工業新聞社）

工藤あずさ 「紅茶と暮らし研究所」（キリンビバレッジ）

Original Japanese title: KISO KARA MANABU KOCHA NO SUBETE
Copyright © 2016 Takeshi Isobuchi
Original Japanese edition published by Seibundo Shinkosha Publishing
Co., Ltd.
Simplified Chinese translation rights arranged with Seibundo Shinkosha
Publishing Co., Ltd. through The English Agency (Japan) Ltd. and
Shanghai To-Asia Culture Co., Ltd.

©2020 辽宁科学技术出版社
著作权合同登记号：第 06-2019-138 号。

图书在版编目（CIP）数据

你不懂红茶 / （日）矶渊猛著；张成琳译 . — 沈阳：
辽宁科学技术出版社，2020.7
ISBN 978-7-5591-1593-5

Ⅰ . ①你… Ⅱ . ①矶… ②张… Ⅲ . ①红茶—基本知
识 Ⅳ . ① TS272.5

中国版本图书馆 CIP 数据核字（2020）第 077068 号

出版发行：辽宁科学技术出版社
（地址：沈阳市和平区十一纬路 25 号　邮编：110003）
印　刷　者：辽宁新华印务有限公司
经　销　者：各地新华书店
幅面尺寸：145mm×210mm
印　　张：7
插　　页：16
字　　数：250 千字
出版时间：2020 年 7 月第 1 版
印刷时间：2020 年 7 月第 1 次印刷
责任编辑：康　倩
封面设计：袁　舒
版式设计：袁　舒
责任校对：徐　跃

书　　号：ISBN 978-7-5591-1593-5
定　　价：49.80 元

联系电话：024-23284367
邮购热线：024-23284502